Lecture Notes in Economics a Mathematical S

Managing Editors: M. Beckmann, Providence, and H. P. Künzi, Zürich

Operations Research

97

G. Schmidt

Über die Stabilität des einfachen Bedienungskanals

Springer-Verlag
Berlin · Heidelberg · New York 1974

Professor Dr. G. Schmidt
Universität des Saarlandes, Fachbereich Angewandte Mathematik
66 Saarbrücken

AMS Subject Classifications (1970): 45F05, 45M99, 60J25, 60k25, 90B35

ISBN 3-540-06685-3 Springer-Verlag Berlin · Heidelberg · New York
ISBN 0-387-06685-3 Springer-Verlag New York · Heidelberg · Berlin

Offsetprinting and bookbinding: Julius Beltz, Hemsbach/Bergstr.

Meinem verehrten Lehrer H. Söhngen gewidmet.

Vorwort

Die vorgelegte Untersuchung dient einer ausführlichen und exakten Darstellung der bei einfachen Wartesystemen vom Typ GI|G|1 mit beliebig endlichem oder unendlichem Warteraum auftretenden Warteschlangenprozesse, der Perioden ununterbrochener Bedienung sowie der Leerlaufzeitspannen der jeweiligen Bedienungseinheit bei besonderer Beachtung des Stabilitätsverhaltens dieser Größen, wenn Zeit und Warteraum unabhängig voneinander über alle Grenzen wachsen.

Die vorgelegte Methode der zusätzlichen Variable zur Gewinnung eines mehrdimensionalen Markoffprozesses wird auf eine exakte Basis gestellt und daraus die für die Wartesystemtypen M|G|1 und GI|M|1 sowie M|M|1 bekannten Methoden der eingebetteten Markoffketten deduziert.

Für diese Spezialtypen liefert die im Fall GI|G|1 ausführlich dargestellte Analyse der Uebergangsfunktion des etablierten mehrdimensionalen Markoffprozesses bereits bekannte Ergebnisse in zum Teil neuer Sicht und neuen Zusammenhängen. Ein im Markoffprozeß in natürlicher Weise eingebetteter Erneuerungsprozeß liefert schließlich den Schlüssel zu dem Stabilitätsverhalten der Wartephänomene.

Da der Abhängigkeit die Phänomene von der Warteraumgröße besondere Aufmerksamkeit zugemessen wird, ergänzten die dargelegten Untersuchungen grundsätzlich - aber auch methodisch - die ausführliche Monographie von Cohen. [The Single Server Queue, 1969, North Holland]

Der Verfasser hofft hiermit einige der wenigen danach noch verbliebenen Lücken in der Theorie des einfachen Bedienungskanals geschlossen oder doch verkleinert zu haben.

Für die dabei notwendige, überaus mühsame, unermüdliche und sorgfältige schreibtechnische Unterstützung bei der Anfertigung des Manuskriptes sei Frau Kalisch besonders gedankt.

Saarbrücken, im November 1973 Gerd Schmidt

Inhalt:

EINLEITUNG

Diesen Untersuchungen liegt das folgende Modell eines Bedienungskanals zugrunde:

Ein Bedienungssystem, das aus einem Bedienungsschalter mit einem Abfertigungsplatz und endlich oder unendlich vielen vorgelagerten Warteplätzen besteht, wird im Verlauf der Zeit von Kunden aufgesucht, die einzeln in zufälligen Abständen, den Zwischenankunftszeitspannen, ankommen. Diese Spannen sind in ihrer zeitlichen Ausdehnung unabhängig von einander, jedoch nach einem gemeinsamen, dem Beobachter bekannten Gesetz verteilt. Jeder dieser Kunden wird bei seiner Ankunft nach folgender Regel behandelt: Sind in dem Bedienungssystem der Abfertigungsplatz und alle Warteplätze - wenn nur endlich viele vorhanden - durch Kunden bereits besetzt, so wird er abgewiesen. Ist zum Ankunftszeitpunkt einer dieser Plätze frei (geworden), so wird er unverzüglich in das Bedienungssystem aufgenommen, wo er selbst einen freien Platz - und zwar genau dann den Abfertigungsplatz, wenn das System bei seiner Ankunft leer (geworden) ist - belegt.

Die aufgenommenen Kunden warten in der Reihenfolge ihrer Ankunft auf die Abfertigung. Diese beginnt mit dem Einrücken des betreffenden Kunden in den Bedienungsschalter und dauert eine gewisse zufällige Zeitspanne, die Bedienungszeit des Kunden. Die Längen dieser Bedienungszeiten sind zufällig, untereinander und von den Zwischenankunftszeitspannen unabhängig, doch nach einem gemeinsamen, dem Beobachter ebenfalls bekannten Gesetz verteilt. Ist die Abfertigung eines Kunden beendet, so verläßt er sofort das Bedienungssystem. Gleichzeitig beginnt - sofern das System dabei nicht leer geworden ist - die Bedienung seines Nachfolgers aus der Reihe der Wartenden.

Allgemeine Ziele einer mathematischen Analyse dieses Modells sind: die quantitative Beschreibung des vorgelegten Modells durch einen geeigneten Wahrscheinlichkeitsraum auf der Basis der gegebenen und mathematisch exakt fixierten Prozesse der Kundenankunft und -bedienung und durch Familien stochastischer Variablen als Darstellungen der verschiedenen Wartephänomene, wobei insbesondere deren Verteilungsgesetze in ihrer Abhängigkeit von der Zeit, der Größe der Warteraumkapazität sowie den Daten der Ausgangsprozesse interessieren.

Die mathematische Warteschlangentheorie, soweit sie dieses Modell betrifft, steuerte in ihrer Entwicklung zunächst folgende Ziele an:
Die grundlegenden, Ankunft und Bedienung regulierenden Prozesse wurden mathematisch jeweils präzisiert, die Konstruktion eines geeigneten Wahrscheinlichkeitsraumes und entsprechender stochastischer Variablen samt ihrer, die Verhältnisse des verbalen Modells widerspiegelnden, mathematischen Relationen durch plausible Annahmen ersetzt, wobei am Ende dieser mehr oder weniger umfangreichen, heuristischen Ueberlegungen wieder mathematische Formeln standen - zumeist in Form spezieller Funktionalgleichungen, deren Lösung den eigentlichen Gegenstand der jeweiligen Untersuchungen bildeten.
So stützen sich, wenn Ankunft und Bedienung der Kunden durch zwei unabhängige Poissonprozesse gesteuert werden, die Abhandlungen [Clarke, 1953], [Conolly, 1958], [Morse, 1958] - um einige, wesentliche zu nennen - auf die durchaus plausible Annahme der markoffschen Eigenschaft des durch Zusammenwirken der Ankunfts- und Bedienungsprozesse im Bedienungssystem entstehenden Warteschlangenprozesse. Die genannten Untersuchungen unterscheiden sich weitgehend nur in den Methoden zur Bestimmung der Uebergangsfunktion des Warteschlangenprozesses aus der hierfür geltenden Halbgruppeneigenschaft (Chapman-Kolmogoroff-Gleichungen) und der daraus ableitbaren gewöhnlichen Differentialgleichungen. Die Ergebnisse beschreiben dann durch Verteilungsgesetze

und deren Momente das Verhalten der Warteschlange, der Wartezeiten und anderer Daten in Abhängigkeit von der Zeit, der eventuell endlichen Warteraumkapazität und der beiden Parameter der gegebenen Poissonprozesse.
Wird dagegen einer dieser Poissonprozesse durch einen beliebigen Erneuerungsprozeß, [Feller,1957,1966] ersetzt, so spricht kein plausibles Argument dafür, daß der Warteschlangenprozeß in seiner Gesamtheit noch markoffsch ist.
Die in engen Beziehungen zueinander stehenden mathematischen Theorien der "Stochastischen Prozesse mit eingebetteter Markoffkette" [Kendall, 1953], der "Semimarkoffprozesse" und "Markoffschen Erneuerungsprozesse" sowie weiterer Verfeinerungen [Levi,1954],[Pyke,1961],[Pyke,Schaufele, 1964,1966],[Smith,1953]sowie[Schäl,1969] beschreiben -auf Warteprozesse angewendet- den Warteschlangen- oder Wartezeitenprozeß an besonderen, zufälligen Zeitpunkten, den Regenerationspunkten der Prozesse, durch markoffsche Eigenschaften und sind in ihrer durchschlagenden Wirksamkeit darauf beschränkt, das asymptotische Verhalten dieser Prozesse für große Zeitwerte aus dem ergodischen Verhalten der in den Regenerationspunkten bestehenden Markoffkette zu gewinnen. Dabei stützt sich die Anwendung dieser Methode auf die wiederum nur plausible Annahme, daß der Warteschlangenprozeß eine solche Folge von Regenerationspunkten aufweist, wenn genau einer der Ausgangsprozesse noch durch einen Poissonprozess beschrieben werden kann, und daß der Prozeß der individuellen Wartezeiten bei unendlichem oder endlichem Warteraum ebenfalls solche Regenerationspunkte besitzt, wenn beide Ausgangsprozesse durch unabhängige Erneuerungsprozesse dargestellt werden; man beachte die Untersuchungen der Wartezeiten in [Lindley,1952] und [Pollaczek,1957] und [Cohen,1969].

Sind aber Warteschlangen- und/oder Wartezeitenprozeß in jedem Zeitpunkt zu beschreiben und/oder beide Ausgangsprozesse beliebige, unabhängige Erneuerungsprozesse, so versagen die bisher geschilderten Methoden.

Unter Verwendung der in [Cox, 1955] demonstrierten "Methode der zusätzlichen Variablen" wird in [Keilson, Kooharian, 1960, 1962] ein mehrdimensionaler stochastischer Prozeß betrachtet, der den Warteschlangenprozeß umfaßt. Dabei werden Aussagen über dessen Verteilungen im Bildbereich der zweidimensionalen Laplace- bzw. Fouriertransformierten für den Fall unendlicher Warteraumkapazität gewonnen.

Da diese - teilweise problematischen - Untersuchungen viele Fragen unbeantwortet lassen, und in den anderen genannten Arbeiten grundsätzliche Lücken bestehen, hat der Verfasser eine Klärung der beschriebenen Probleme von Grund auf angestrebt. Zugleich sollte dabei der Einfluß einer endlichen, der Realität besser entsprechenden Warteraumkapazität und deren Grenzfall des genügend großen Warteraumes mit erfaßt werden.[1)]
Im ersten Kapitel werden daher explizit geeignete Wahrscheinlichkeitsräume und darauf stochastische Prozesse so konstruiert, daß sie die in den Bedienungskanälen mit endlichen oder unendlich großen Warteräumen zeitlich ablaufenden Vorgänge widerspiegeln.
Wir erhalten auf diese Weise zwangsläufig je Bedienungskanaltyp - unterschieden durch die Größe des Warteraumes - einen seinen jeweiligen zeitlichen Zustand charakterisierenden vektorwertigen Markoffprozeß zusammen mit zwei in diesen Markoffprozeß eingebetteten Erneuerungsprozessen, die Anfang und Ende der verschiedenen Leerlaufperioden des Bedienungsschalters kennzeichnen.

Das zweite Kapitel untersucht nun die Frage nach dem erzeugenden Ope-

---

1) Auf die grundsätzlich mögliche Verallgemeinerung des Modells mit Ankunft und/oder Abfertigung in Gruppen, die in [Bhat, 1968] unter eingeschränkten Voraussetzungen behandelt sind, wurde verzichtet, um die nicht ganz einfache Analyse nicht mit zusätzlichem Rechenaufwand zu belasten.

rator der Halbgruppe, die durch die Uebergangsfunktion des im ersten Kapitel konstruierten Markoffprozesses definiert wird. Die Kenntnis dieses Operators ist zur analytischen Charakterisierung der Uebergangsfunktion und ihrer Berechnung von Bedeutung, da im Allgemeinen eine direkte Berechnung der Uebergangsfunktion – außer vielleicht für den Bedienungskanal ohne Warteraum und einige andere enge Spezialfälle – unmöglich erscheint.
Unter Voraussetzungen, die gegenüber denjenigen des ersten Kapitels eingeschränkt sind, können der erzeugende Operator und die Uebergangsfunktion auf analytischem Weg bestimmt werden, wobei auch die spezielleren Fälle, daß die Zwischenankunfts- und/oder Bedienungszeitspannen Exponentialverteilungen unterliegen, genauer untersucht werden und die dabei gewonnenen Ergebnisse mit bereits bekannten verglichen werden.
Gegenstand der Untersuchungen im zweiten Kapitel ist aber auch die Frage, wie sich die Uebergangsfunktionen der Bedienungskanäle mit endlichem Warteraum verhalten, wenn die Größe des Warteraumes über alle Grenzen wächst. Es zeigt sich, daß der Bedienungskanal mit unendlichem Warteraum den Grenzfall darstellt.

Das dritte Kapitel schließlich untersucht für alle im zweiten Kapitel diskutierten Fälle das Verhalten des Zustandsprozesses, wenn seine Lauf- oder Beobachtungszeit über alle Grenzen wächst.

Neben den im Begleittext erklärten Symbole, werden die folgenden zur Darstellung benutzt:

$\mathbb{N}$:= die Menge der natürlichen Zahlen

$\mathbb{Z}$:= die Menge der ganzen Zahlen

$\mathbb{R}$:= die Menge der reellen Zahlen

$\mathbb{R}_+$:= die Menge der positiv reellen Zahlen

$\overline{\mathbb{N}}$:= $\mathbb{N} \cup \{\infty\}$

$\bar{\mathbb{R}}_+ := \mathbb{R}_+ \cup \{\infty\}$

$\mathbb{C}$:= die Menge der komplexen Zahlen

$\{e \in M ; "E"\}$:= die Menge der Elemente e aus der Menge M, für welche die - mathematische - Eigenschaft "E" richtig ist.

$\emptyset$:= die leere Menge

Außerdem werden Intervalle durch $[\xi,\eta]$ oder $]\xi,\eta]$ oder $]\xi,\eta[$ oder $[\xi,\eta[$ gekennzeichnet, wobei $[\xi,\eta]$ das beidseitig abgeschlossene und $]\xi,\eta[$ das beiseitig offene Intervall darstellen.

Faltungen und Funktionen sind in folgender Weise gekennzeichnet:

$$f \overset{t}{\underset{o}{*}} g := \int_o^t f(t-\zeta)g(\zeta)d\zeta; \quad t \geq o$$

$$f^{*o} \overset{t}{\underset{o}{*}} g := g(t) \quad ; \quad t \geq o$$

$$f^{*1}(t) := f(t) \quad ; \quad t \geq o$$

$$f^{*k+1}(t) := f^{*k} \overset{t}{\underset{o}{*}} f \quad ; \quad t \geq o,$$ und wenn G Verteilungsfunktion

$$f \overset{t}{\underset{o}{*}} G := \int_o^t f(t-\zeta)dG(\zeta) \quad ; \quad t \geq o$$

$$G^{*1}(t) := G(t) \quad ; \quad t \geq o$$

$$G^{*k+1}(t) := G^{*k} \overset{t}{\underset{o}{*}} G \quad ; \quad t \geq o,$$

vorausgesetzt, die jeweils rechten Seiten haben einen mathematisch exakten Sinn.

Kleine gotische Schriftzeichen sind allein den stochastischen Variablen vorbehalten, die auch ausschließlich durch solche gekennzeichnet werden.

Formelnummern eines Kapitels werden in anderen Kapiteln durch Vorstellen der Kapitelnummer zitiert. Sätze, Folgerungen und Abschnitte sind durchlaufend numeriert.

I. Das mathematische Modell.

In diesem Kapitel werden entsprechend der in dem einführenden Abschnitt gegebenen verbalen Modellbeschreibung die mathematischen Objekte, die seiner Darstellung dienen, konstruiert und ihre Beziehungen zueinander, den konkreten Vorgängen im Bedienungskanal folgend, durch mathematische Relationen beschrieben.

1. Zustands- und Maßräume.

Die in dem einführenden Abschnitt formulierten Annahmen über die Eigenschaften der Bedienungszeitspannen der in das Bedienungssystem aufgenommenen Kunden und der Zeitspannen zwischen je zwei unmittelbar aufeinanderfolgenden Kundenankunftszeiten (Zwischenankunftszeitspannen) führen zu der folgenden Klasse von Verteilungsfunktionen:

$\mathfrak{B}_o := \{\phi;\ \phi$ rechtsseitig stetige Verteilungsfunktion mit $\phi(\zeta) = 0$ für $\zeta \leq 0\}$

Dabei werden durch Wahl zweier Elemente $\phi_a,\ \phi_b \in \mathfrak{B}_o$ die Verteilungsfunktionen der Zwischenankunftsspannen (ϕ_a) und der Bedienungszeitspannen (ϕ_b) festgelegt.

Für jedes beliebig, doch fest gewählte Paar (ϕ_a, ϕ_b) setzen wir dann:

$$\begin{aligned} \zeta_a &:= \inf\{\zeta \in \mathbb{R};\ \phi_a(\zeta) = 1\} \\ \zeta_b &:= \inf\{\zeta \in \mathbb{R};\ \phi_b(\zeta) = 1\} \end{aligned} \qquad (1)$$

mit der Konvention $\inf \emptyset := \infty$

und interpretieren ζ_a und ζ_b als kleinstmögliche Ausdehnungen, die von den Zwischenankunfts- und Bedienungszeitspannen nur mit Wahrscheinlichkeit 0 übertroffen werden. Die Realisierungen der zufälligen Zwischenankunfts- und Bedienungszeitspannen liegen daher mit Wahrscheinlichkeit 1 in den Intervallen $[0,\zeta_a]$ und $[0,\zeta_b]$.

Wenn wir den Bedienungskanal über eine von uns frei wählbare Zeitspanne mathematisch beschreiben wollen, so benötigen wir zumindest folgende Kenntnisse:

(i) Alle Realisierungsfolgen derjenigen Zwischenankunfts- und Bedienungs zeitspannen, deren Anfangszeiten in die gewählte Zeitspanne fallen,

(ii) daneben auch diejenigen Realisierungen der vorgenannten Zeitspannen deren Anfangszeiten zwar vor dem Beginn unserer Zeitrechnung liegen, die jedoch bis in diese hinein andauern,

(iii) die Teilspannen der unter (ii) genannten, die bis zum Beginn der von uns gewählten Zeitrechnung vergangen sind,

(iv) die Anzahl der bei Beginn unserer Zeitrechnung im Bedienungssystem anwesenden Kunden, eine nichtnegative ganze Zahl, die entsprechend der Größe des Warteraumes entweder nach oben unbeschränkt oder durch eine di Warteraumgröße kennzeichnende natürliche Zahl N (N-1 ist die Anzahl der Warteplätze) nach oben begrenzt ist.

Diesen Ueberlegungen folgend setzen wir folgende Familie von Anfangszustandsräumen fest:

$$\mathfrak{Z}_N := \{z\in\mathbb{R}^3;\ z=(n,x,y) \text{ genügt } (\mathfrak{Z}),(\mathfrak{Z}0),(\mathfrak{Z}N)\};\ N\in\mathbb{N} \tag{2a}$$

$$\mathfrak{Z}_\infty := \{z\in\mathbb{R}^3;\ z=(n,x,y) \text{ genügt } (\mathfrak{Z}),(\mathfrak{Z}0),\ (\mathfrak{Z}\infty)\}$$

mit

$(\mathfrak{Z})$ $n\in\mathbb{N}\cup\{o\}$, $x\in[o,\zeta_a[$, $y\in[o,\zeta_b[$ (2b)

$(\mathfrak{Z}0)$ $n=o \Rightarrow x>o$ und $y=o$

$(\mathfrak{Z}N)$ $n\leq N$; $n=1$ und $N>1 \Rightarrow x\geq y\geq o$; $n=N$ und $N\in\mathbb{N} \Rightarrow y\geq x\geq o$

$(\mathfrak{Z}\infty)$ $n=1 \Rightarrow x\geq y\geq o$

Dabei kennzeichnen:

n die Anzahl der zu Beginn unserer Zeitrechnung im Bedienungssystem anwesenden Kunden, x die oben unter (iii) bezeichnete Teilspanne der Zwischenankunftsspanne, die genau dann den Wert 0 besitzt wenn unsere Zeitrechnung mit einer Kundenankunft beginnt,

y die unter (iii) genannte Teilspanne der Bedienung, die den Wert o genau dann besitzt, wenn entweder der Beginn der Zeitrechnung mit dem Beginn einer Bedienung zusammenfällt oder bei Beginn der Zeitrechnung keine Bedienung stattfindet, weil keine Kunden anwesend sind. Da dann aber auch keine Kundenankunft in diesem Augenblick erfolgen kann, ist die Forderung ($\mathfrak{Z}0$) hinreichend begründet.

Die Forderung ($\mathfrak{Z}$) ist bezüglich n klar; da aber alle Bedienungs- und Zwischenankunftszeitspannen mit Wahrscheinlichkeit 1 kleiner oder gleich ζ_b bzw. ζ_a sind, können ihre Realisierungen für unsere Wahrscheinlichkeitsbetrachtungen ohne Substanzverlust auf $]o,\zeta_b]$ bzw. $]o,\zeta_a]$ eingeschränkt werden (s. auch weiter unten). Da aber die in (iii) beschriebenen Teilspannen notwendig echt kleiner als die vollen Spannen sind, ist auch ($\mathfrak{Z}$) vollständig begründet.

Die Forderung ($\mathfrak{Z}\infty$) ergibt sich aus der Ueberlegung, daß für $y>x\geq o$ eine Bedienung zu Beginn der Zeitrechnung läuft, während dieser Bedienung- und spätestens bis zum Beginn der Zeitrechnung - noch eine Ankunft zumindest erfolgt, und so zu Anfang der Zeitrechnung im Bedienungssystem mindestens zwei Kunden anwesend sein müßten.

Mit dieser Ueberlegung wird auch - die erste Eigenschaft ist klar - die zweite Eigenschaft der Forderung ($\mathfrak{Z}N$) begründet. Die dritte Eigenschaft von ($\mathfrak{Z}N$) ergibt sich daraus, daß die Gegenannahme $x>y\geq o$ eine Kundenanzahl, die kleiner oder gleich N-1 ist, zu Beginn der Zeitrechnung zur Folge hätte.

Die natürlichen Maßräume, als Räume aller durch Wahl von ϕ_a und ϕ_b möglichen Realisierungen der Zwischenankunfts- und Bedienungszeitspannen, wie sie in (i)-(iii) oben aufgezählt wurden, und aller möglichen Anfangszustände, konstruieren wir wie folgt:

Es werden gesetzt

α) bei gegebenem $N\in\mathbb{N}$ für jedes beliebige, doch feste $z\in\mathfrak{Z}_N$

$$
\begin{aligned}
(\Omega_k,\mathfrak{A}_k, p_k^z)_N &:= (\mathfrak{Z}_N,\mathfrak{Z}_N\cap\mathfrak{B}^3,\varepsilon_z) && ;k=o\\
&:= (]o,\zeta_a],]o,\zeta_a]\cap\mathfrak{B},p_a^x) && ;k=1\\
&:= (]o,\zeta_a],]o,\zeta_a]\cap\mathfrak{B},p_a^o) && ;k\in\mathbb{N}-\{1\} \qquad (3a)\\
&:= (]o,\zeta_b],]o,\zeta_b]\cap\mathfrak{B},p_b^y) && ;-k=1\\
&:= (]o,\zeta_b],]o,\zeta_b]\cap\mathfrak{B},p_b^o) && ;-k\in\mathbb{N}-\{1\}\\
(\Omega,\mathfrak{A},p^z)_N &:= \bigotimes_{k\in\mathbb{Z}} (\Omega_k,\mathfrak{A}_k,p_k^z)_N && ,\ \text{sowie}
\end{aligned}
$$

β) für jedes beliebige, doch feste $z\in\mathfrak{Z}_\infty$

$$
\begin{aligned}
(\Omega_k,\mathfrak{A}_k,p_k^z)_\infty &:= (\mathfrak{Z}_\infty,\mathfrak{Z}_\infty\cap\mathfrak{B}^3,\varepsilon_z) && ;\ k=o\\
&:= (]o,\zeta_a],]o,\zeta_a]\cap\mathfrak{B},p_a^x) && ;\ k=1\\
&:= (]o,\zeta_a],]o,\zeta_a]\cap\mathfrak{B},p_a^o) && ;\ k\in\mathbb{N}-\{1\} \qquad (3b)\\
&:= (]o,\zeta_b],]o,\zeta_b]\cap\mathfrak{B},p_b^y) && ;\ -k=1\\
&:= (]o,\zeta_b],]o,\zeta_b]\cap\mathfrak{B},p_b^o) && ;-k\in\mathbb{N}-\{1\}\\
(\Omega,\mathfrak{A},p^z)_\infty &:= \bigotimes_{k\in\mathbb{Z}} (\Omega_k,\mathfrak{A}_k,p_k^z)_\infty.
\end{aligned}
$$

Dabei bedeuten:

ε_z, das Wahrscheinlichkeitsmaß auf $\mathfrak{Z}_N(\mathfrak{Z}_\infty)$ mit Träger $\{z\}$ und $z\in\mathfrak{Z}_N$ $(z\in\mathfrak{Z}_\infty)$,

p_a^x bzw. p_b^y die durch die Verteilungsfunktionen $\tau_x\phi_a\in\mathfrak{B}_o$ bzw. $\tau_y\phi_b\in\mathfrak{B}_o$ auf $[o,\zeta_a]$ bzw. $[o,\zeta_b]$ erzeugten Wahrscheinlichkeitsmaße mit

$$
\begin{aligned}
\tau_x\phi_a(\zeta) &:= \frac{\phi_a(\zeta+x)-\phi_a(x)}{1-\phi_a(x)} && ;\ \zeta\geq o,\ o\leq x<\zeta_a \qquad (4a)\\
&:= o && ;\ \zeta<o,\ o\leq x<\zeta_a\\
\tau_y\phi_b(\zeta) &:= \frac{\phi_b(\zeta+y)-\phi_b(y)}{1-\phi_b(y)} && ;\ \zeta\geq o,\ o\leq y<\zeta_b \qquad (4b)\\
&:= o && ;\ \zeta<o,\ o\leq y<\zeta_b
\end{aligned}
$$

Die in (3) und (4) gegebenen Konstruktionen sind - wie auch die nachfolgenden - durch bekannte Definitionen und Sätze der Wahrscheinlichkeits- und Maßtheorie [Bauer, 1968] gesichert und bedürfen daher keiner weiteren mathematischen Rechtfertigung.
Daß sie auch zur mathematischen Darstellung des in der Einführung beschriebenen Bedienungskanals zweckmäßig sind, zeigen die nachfolgenden Betrachtungen.

Wir setzen für $\omega\in\Omega$ - dabei bezeichnet Ω entweder den Grundraum aus $(\Omega,\mathfrak{A},p^z)_N$ oder aus $(\Omega,\mathfrak{A},p^z)_\infty$ - und $\omega=((n,x,y);d_k,k\in\mathbb{Z}-\{o\})$:

$$\begin{aligned} &\mathfrak{b}_1^a(\omega) := x+d_1,\quad \mathfrak{b}_k^a(\omega) := d_k,\quad k\in\mathbb{N}-\{1\} \\ &\mathfrak{b}_1^b(\omega) := y+d_{-1};\quad \mathfrak{b}_k^b(\omega) := d_{-k},\quad k\in\mathbb{N}-\{1\} \end{aligned} \tag{5}$$

und erhalten

Satz 1:

Für jede Wahl von $z^o = (n^o,x^o,y^o)\in\mathfrak{Z}_{N-}(z^o=(n^o,x^o,y^o)\in\mathfrak{Z}_\infty)$ bilden $\{\mathfrak{b}_k^a;k\in\mathbb{N}\}$ und $\{\mathfrak{b}_k^b;k\in\mathbb{N}\}$ auf $(\Omega,\mathfrak{A},p^{z^o})_N$ $((\Omega,\mathfrak{A},p^{z^o})_\infty)$ zwei p^{z^o}- unabhängige Familien unabhängiger, stochastischer Variablen mit den Eigenschaften:

$$p^{z^o}(\mathfrak{b}_k^a\leq\zeta) = \phi_a(\zeta);\quad p^{z^o}(\mathfrak{b}_k^b\leq\zeta) = \phi_b(\zeta) \quad \text{für } k\in\mathbb{N}-\{1\},\zeta\in\mathbb{R} \tag{6a}$$

$$p^{z^o}(\mathfrak{b}_1^a\leq\zeta) = \tau_{x^o}\phi_a(\zeta-x_o);\quad p^{z^o}(\mathfrak{b}_1^b\leq\zeta) = \tau_{y^o}\phi_b(\zeta-y_o),\quad \zeta\in\mathbb{R} \tag{6b}$$

und

$$\begin{aligned} p^{z^o}(\mathfrak{b}_1^a\leq\zeta\,|\,\mathfrak{b}_1^a>x) &= p^{z^o}(\mathfrak{b}_1^a\leq\zeta),\quad x\leq x^o<\zeta_a,\ \zeta\in\mathbb{R} \\ &= \tau_x\phi_a(\zeta-x);\quad x^o<x<\zeta_a,\zeta\in\mathbb{R} \end{aligned}$$

sowie (6c)

$$\begin{aligned} p^{z^o}(\mathfrak{b}_1^b\leq\zeta\,|\,\mathfrak{b}_1^b>y) &= p^{z^o}(\mathfrak{b}_1^b\leq\zeta);\quad y\leq y^o<\zeta_b,\zeta\in\mathbb{R} \\ &= \tau_y\phi_b(\zeta-y);\quad y^o<y<\zeta_b,\zeta\in\mathbb{R}. \end{aligned}$$

Zum Beweis beachte man (5) und (3) sowie (4) und erhält den Satz durch triviale Rechnungen.

Folgerung 1.

Gelten in $z=(n,x,y)$ und $z^o = (n^o,x^o,y^o)$

α) $x^o<x<\zeta_a$, so folgt $p^{z^o}(\mathfrak{d}_1^a\leq\zeta\,|\,\mathfrak{d}_1^a>x) = p^z(\mathfrak{d}_1^a\leq\zeta)$

β) $y^o<y<\zeta_b$, so folgt $p^{z^o}(\mathfrak{d}_1^b\leq\zeta\,|\,\mathfrak{d}_1^b>y) = p^z(\mathfrak{d}_1^b\leq\zeta)$. (7)

Der Beweis folgt aus (6b) und (6c) unmittelbar.

Diese Aussagen erlauben uns, die durch (5) festgelegten Zufallsveränderlichen als die mathematischen Entsprechungen der Zwischenankunftszeitspannen ($\mathfrak{d}_k^a$) und Bedienungszeitspannen ($\mathfrak{d}_k^b$) gemäß (i)-(ii) anzusehen. (6c) und (7) charakterisieren die Verteilungen von $\mathfrak{d}_1^a$ und $\mathfrak{d}_1^b$ in den Maßen p^z als bedingte Verteilungen, wobei die Bedingung durch den Anfangszustand z beschrieben werden kann.

Setzen wir weiter für $\omega\in\Omega$ in der Gestalt $\omega=((n,x,y);\ d_k, k\in\mathbb{Z}-\{o\})$

$$\mathfrak{n}^o(\omega) := n,\ \mathfrak{a}^o(\omega) := x, \mathfrak{b}^o(\omega) := y$$

so gilt

Satz 2:

Für jede Wahl $z^o=(n^o,x^o,y^o)\in\mathcal{B}_N$ $(z^o=(n^o,x^o,y^o)\in\mathcal{B}_\infty)$
bilden $\mathfrak{n}^o, \mathfrak{a}^o, \mathfrak{b}^o, \mathfrak{d}_1^a-\mathfrak{a}^o, \mathfrak{d}_1^b-\mathfrak{b}^o, \mathfrak{d}_k^a, \mathfrak{d}_k^b$, $k\in\mathbb{N}-\{1\}$
eine p^{z^o}-unabhängige Familie stochastischer Variablen mit:

$$p^{z^o}(\mathfrak{n}^o=n) = \begin{cases} 1 & n=n^o \\ o & n\neq n^o \end{cases}$$

$$p^{z^o}(\mathfrak{a}^o\leq\zeta) = \begin{cases} 1 & \zeta\geq x^o \\ o & \zeta<x^o \end{cases} \tag{9a}$$

$$p^{z^o}(\mathfrak{b}^o\leq\zeta) = \begin{cases} 1 & \zeta\geq y^o \\ o & \zeta<y^o \end{cases}$$

sowie

$$p^{z^o}(\mathfrak{d}_1^a - a^o \leq \zeta) = \tau_{x^o}\phi_a(\zeta) = p^{z^o}(\mathfrak{d}_1^a \leq \zeta + x^o) = p^{z^o}(\mathfrak{d}_1^a \leq \zeta + x^o \mid \mathfrak{d}_1^a > x^o)$$

und $\quad\quad\quad\quad\quad\quad\quad\quad\quad\quad\quad\quad\quad\quad\quad\quad\quad\quad\quad\quad$ (9b)

$$p^{z^o}(\mathfrak{d}_1^b - \mathfrak{d}^o \leq \zeta) = \tau_{y^o}\phi_b(\zeta) = p^{z^o}(\mathfrak{d}_1^b \leq \zeta + y^o) = p^{z^o}(\mathfrak{d}_1^b \leq \zeta + y^o \mid \mathfrak{d}_1^b > y^o)$$

Der Beweis benutzt (3),(4),(5) sowie Satz 1 und Folgerung 1 in trivialen Rechnungen.

Damit stellt bei fester Wahl von $\phi_a \in \mathfrak{B}_o$ und $\phi_b \in \mathfrak{B}_o$ die Familie

$\langle \mathfrak{Z}_N, \ (\Omega, \mathfrak{A}, p^z)_N; \ z \in \mathfrak{Z}_N \rangle; \ N \in \mathbb{N}$ und

$\langle \mathfrak{Z}_\infty, \ (\Omega, \mathfrak{A}, p^z)_\infty; \ z \in \mathfrak{Z}_\infty \rangle \quad\quad\quad\quad\quad\quad\quad\quad$ (10)

das Grundmodell des einfachen Bedienungskanals dar; es enthält alle

gegebenen Informationen über seine äußeren Bedingungen in adäquater

mathematischer Form.

Wir wollen diesen Abschnitt mit einer Bemerkung schließen, die uns in

der Folge von gewissen hinderlichen Pathologien befreit und zugleich

eine nicht unerhebliche konkrete Bedeutung hat.

Die Annahme $\phi_a \in \mathfrak{B}_o$ und die Aussage $p^{z^o}(\mathfrak{d}_k^a \leq \zeta) = \phi_a(\zeta)$ für $k \in \mathbb{N}-\{1\}$ hat

zur Folge, daß es ein $c > o$ so gibt, daß

$$\sum_{k=2}^{\infty} E(^c\mathfrak{d}_k^a)$$

divergiert, wobei $E(^c\mathfrak{d}_k^a)$ den p^{z^o}-Erwartungswert der bei c im Wertebe-

reich abgeschnittenen Variablen $\mathfrak{d}_k^a$ beschreibt. Nach Kolmogoroffs

"Drei-Reihen-Kriterium" [Loève, 1963] muß dann

$$\sum_{k=2}^{\infty} \mathfrak{d}_k^a$$

p^{z^o}-fast-sicher divergieren.

Sonst können in endlicher Zeit p^{z^o}-fast-sicher höchstens endlich viele

Kunden das Bedienungssystem aufsuchen.

Wir können und wollen daher für alle Untersuchungen in der Folge an-

nehmen, daß aus Ω diejenigen Elemente $\omega = ((n,x,y); \ d_k, k \in \mathbb{Z}-\{o\}$ bereits entfernt sind, für die

$$\sum_{k=2}^{\infty} d_k$$

konvergiert.

Der Zeitrechnungsbereich zur mathematischen Berechnung des Bedienungskanals kann also zu

$$\mathfrak{T} = \{t \in \mathbb{R};\ t \geq o\} \tag{11}$$

angesetzt werden.

2. Der Zustandsprozeß.

In dem Grundmodell (10) fehlt aber noch die uns interessierende Darstellung der Wartephänomene, die im Bedienungskanal während der Zeitrechnung $\mathfrak{T}$ beobachtet werden können.

Auf eine Darstellung der Wartezeiten einzelner Kunden - etwa entsprechend ihrer Ankunft und Aufnahme in das Bedienungssystem numeriert - und eine Berechnung ihrer Verteilungen, wie sie in [Lindley, 1952], [Pollaczek, 1957] und [Cohen, 1969] ausgeführt wurden und hier ohne besondere Schwierigkeiten auf das Grundmodell aufgepfropft werden könnten, wollen wir verzichten.

Es ist vielmehr unser Ziel, zunächst in diesem Abschnitt den Prozeß der Warteschlange und andere bei seiner Berechnung notwendig zu bestimmende Prozesse zu definieren und zu charakterisieren, um dann in den folgenden Kapiteln die Verteilungen dieser Prozesse zu berechnen und ihr Stabilitätsverhalten zu kennzeichnen.

Die Anzahl der zu einem beliebigen Zeitpunkt $t \in \mathfrak{T}$ im Bedienungssystem anwesenden Kunden stellt sich dar als "Summe aus der Anzahl der zu Be-

ginn anwesenden Kunden und der Anzahl der in]o,t] in das Bedienungssystem aufgenommenen Kunden, vermindert um die Anzahl der in]o,t] bedienten Kunden."
Davon ist zunächst der erste Summand aus dem Anfangszustand bekannt. Um den zweiten Summanden zu berechnen, muß man die Anzahl der in]o,t] ankommenden Kunden um die Anzahl der bei beschränktem Warteraum davon eventuell abgewiesenen Kunden verringern. Während die erste dieser Anzahlen, wie wir bald sehen werden, allein aus a_o und der Folge $\{b_k^a,\ k\in\mathbb{N}\}$ errechnet werden kann, benötigen wir für die zweite die Kenntnis des Warteschlangenverlaufs bis zum Zeitpunkt t, also auch die Variablen n_o, b_o und $b_k^b;\ k\in\mathbb{N}$.
Um schließlich auch die Anzahl der in]o,t] bedienten Kunden zu bestimmen, müssen wir feststellen, wann immer das Bedienungssystem leer wird und wann es sich danach wieder auffüllt. Denn genau während dieser "Leerlaufperioden" des Bedienungsschalters schliessen die Bedienungszeitspannen nicht lückenlos aneinander.

Wir wenden uns daher zunächst dem einfachsten dieser Prozesse zu; dem Prozeß, der uns zu jedem Zeitpunkt $t\in\mathfrak{T}$ die Anzahl der bis dahin angekommenen Kunden mitteilt, und setzen für $\omega\in\Omega$:

$$l_t^a(\omega) := \sup\{l\in\mathbb{N};\ \sum_{k=1}^{l} b_k^a(\omega)\leq t+a^o(\omega)\} \tag{12a}$$

mit der Konvention $\sup\emptyset := o$

$$a_t(\omega) := a^o(\omega)+t-\sum_{k=1}^{l_t^a(\omega)} b_k^a(\omega) \tag{12b}$$

Dann stellen
l_t^a die Anzahl der in]o,t] ankommenden Kunden und a_t diejenige Teilspanne dar, die im Zeitpunkt $t\in\mathfrak{T}$ von der diesen Zeitpunkt überdeckenden Zwischenankunftszeitspanne vergangen ist.

Hierüber beweisen wir

Satz 3:

Die durch (12a,b) definierten Größen bilden zwei stochastische Prozesse über $(\Omega,\mathfrak{A},p^z)_N$ $((\Omega,\mathfrak{A},p^z)_\infty)$ mit folgenden Eigenschaften:

$$\text{(i)}\quad l^a_o(\omega) = \lim_{t\downarrow o} l^a_t(\omega) = o$$

$$a_o(\omega) = \lim_{t\downarrow o} a_t(\omega) = a^o(\omega) \quad \text{für alle } \omega \text{ und} \tag{13a}$$

$$a_o = x^o \quad p^{z^o}\text{-fast-sicher, wenn } z^o = (n^o,x^o,y^o),$$

$$\text{(ii)}\quad l^a_{s+t}(\omega) = l^a_s(\omega) + \sup\{l\in N;\ \sum_{k=l^a_s(\omega)+1}^{l^a_s(\omega)+l} b^a_k(\omega) \le t + a_s(\omega)\}$$

$$l^a_s(\omega) = \lim_{t\downarrow o} l^a_{s+t}(\omega)$$

$$a_{s+t}(\omega) = a_s(\omega) + t - \sum_{k=l^a_s(\omega)+1}^{l^a_{s+t}(\omega)} b^a_k(\omega) \tag{13b}$$

$$a_s(\omega) = \lim_{t\downarrow o} a_{s+t}(\omega) \quad \text{für alle } \omega \text{ und } s,t\in\mathfrak{T}.$$

(iii) Wählen wir in $z = (n,x,y)$, n und y fest, aber so, daß für alle $x\in[o,\zeta_a[$ $z\in\mathfrak{Z}_N$ $(z\in\mathfrak{Z}_\infty)$, so entsteht eine Teilfamilie $(p^x)_{x\in[o,\zeta_a[}$ von Wahrscheinlichkeitsmaßen auf $(\Omega,\mathfrak{A})_N$ $((\Omega,\mathfrak{A})_\infty)$, und

$$(\Omega,\mathfrak{A},(p^x)_{x\in[o,\zeta_a[},(a_t)_{t\in\mathfrak{T}})$$

stellt einen (starken) Markoffprozeß mit Zustandsraum $[o,\zeta_a[$, stationärer Uebergangsfunktion und Pfaden dar, die als stückweise lineare Funktionen über $\mathfrak{T}$ mit Steigung 1 und sich in $\mathfrak{T}$ nicht häufenden Sprungstellen beschrieben werden können.

Beweis:

(i) und die in (ii) behauptete rechtsseitige Stetigkeit der Pfade "$\mathfrak{T}\ni t \to l^a_t(\omega)$" und "$\mathfrak{T}\ni t \to a_t(\omega)$" sind in Ω durch "$b^a_1(\omega)-a^o(\omega)>o$" und "$b^a_k(\omega)>o$" ($k\in N-\{1\}$) impliziert und liefern zugleich über die Formeln (12a,b) die in (iii) behauptete Eigenschaft der Pfade "$\mathfrak{T}\ni t \to a_t(\omega)$". Man beachte noch, daß für alle $\omega\in\Omega$ $\sum_{k=1}^{\infty} b^a_k(\omega)$ divergiert, so daß sich die Sprungstellen $t_i(\omega) := \sum_{k=1}^{i} b_k^a(\omega)$ in $\mathfrak{T}$ nicht häufen können. Auf Grund dieses besonderen Verhalten der Pfade "$\mathfrak{T}\ni t \to a_t(\omega)$" ist der in Frage stehende Prozeß nach [Dynkin, 1961] schon ein starker Markoffprozeß, wenn wir in Anlehnung an [Bauer, 1968] folgende drei Eigenschaften beweisen:

α) Für jedes $x\in[o,\zeta_a[$ ist $(\Omega,\mathfrak{A},p^x, (a_t)_{t\in\mathfrak{T}})$ ein stochastischer Prozeß mit Zustandsraum $[o,\zeta_a[$, eine Eigenschaft die durch die bisher durchgeführte Konstruktion gesichert ist.

β) Die Abbildung $[o,\zeta_a[\ni x \to p^x(A)$ ist für jedes $A\in\mathfrak{A}$ meßbar. Der Nachweis ist der Standardschluß:

$[o,\zeta_a[\ni x \to p^x(S)$ ist für alle Zylindermengen $S\in\mathfrak{A}$ meßbar, und $\mathfrak{A}$ ist zugleich das von den Zylindermengen erzeugte minimale Dynkin-System. Andererseits ist $\mathfrak{M}$, das System aller $A\in\mathfrak{A}$, für die $[o,\zeta_a[\ni x \to p^x(A)$ meßbar ist, ein Dynkinsystem, das alle Zylindermengen $S\in\mathfrak{A}$ und damit $\mathfrak{A}$ umfaßt.

γ) Für alle $x\in[o,\zeta_a[$, $B\in[o,\zeta_a[\cap\mathfrak{B}$ und $A\in\mathfrak{A}_s$, die von $\{a_u, u\leq s, u\in\mathfrak{T}\}$ auf Ω erzeugte σ-Algebra, gilt $\int_A p^{a_s(\omega)}(a_t\in B)dp^x(\omega) = p^x(a_{s+t}\in B\cap A)$, wobei $p^{a_s(\omega)}(a_t\in B)$ die wegen α) und β) sinnvolle Zufallsveränderliche $\omega \to p^{a_s(\omega)}(a_t\in B)$ darstellt. Zunächst gilt für alle $x\in[o,\zeta_a[$, $B\in[o,\zeta_a[\cap\mathfrak{B}$, $A\in\mathfrak{A}_s$ $p^x(a_{s+t}\in B\cap A) = \int_A p^x(a_{s+t}\in B|\mathfrak{A}_s)dp^x(\omega)$, wobei $p^x(a_{s+t}\in B|\mathfrak{A}_s)$ ein Exemplar der durch $\mathfrak{A}_s$ bedingten Wahrscheinlichkeit des Ereignisses $\{a_{s+t}\in B\}$ im Maß p^x bedeutet.

Bildet man die Zerlegung $A := \bigcup_{l=o}^{\infty} A_l$ mit $A_l := A\cap\{I_s^a=l\}$, so ist die Behauptung gezeigt, wenn für alle A_l dieser Art

$\int_{A_l} p^x(a_{s+t}\in B|\mathfrak{A}_s)dp^x(\omega) = \int_{A_l} p^{a_s(\omega)}(a_t\in B)dp^x(\omega)$ nachgewiesen ist.

Ist aber $\omega\in A_l$, so ist a_u für $u\leq s$ darstellbar durch a_o und b_1^a bis b_l^a. Setzt man nun in den Formeln (13b) $I_s^a(\omega) = l$, vergleicht dann mit (12a,b) und benutzt anschließend die Aussagen der Sätze 1 und 2 über den Zusammenhang von a_o, b_1^a, b_2^a, usw., so gewinnt man die Aussage, daß p^x-fast-sicher auf jedem A_l $p^x(a_{s+t}\in B|\mathfrak{A}_s) = p^{a_s(\omega)}(a_t\in B)$ und damit die Behauptung unseres Satzes gilt.

Die übrigen, oben aufgezählten Anzahlen müssen getrennt für die Bedienungssysteme mit unbeschränktem und mit endlichem Warteraum konstruiert werden. Dabei empfiehlt sich das erstgenannte vorzuziehen und das zweite darauf aufzubauen. Da sich die Bedienungszeitspannen jeweils nur solange ununterbrochen aneinanderreihen, wie Kunden im Bedienungssystem anwesend sind, müssen wir - um die Anzahl der in einem Zeitintervall bedienten Kunden angeben zu können - zunächst die Zeitpunkte kennen, ich welchen das Bedienungssystem leer und danach wieder besetzt wird.

Wir setzen zunächst:[2)]

$$\Omega_1^r := \Omega \text{ und auf } \Omega_1^r \tag{14a}$$

$$\mathfrak{l}_1^a := \inf\{k \in \mathbb{N};\ \sum_{i=1}^{\mathfrak{n}^o+k-1} \mathfrak{b}_i^b - \mathfrak{b}^o \leq \sum_{i=1}^{k} \mathfrak{b}_i^a - \mathfrak{a}^o\},\ \mathfrak{l}_1^b := \mathfrak{l}_1^a - 1 + \mathfrak{n}^o \tag{14b}$$

$$\mathfrak{b}_1^r := \sum_{i=1}^{\mathfrak{l}_1^a} \mathfrak{b}_i^a - \mathfrak{a}^o + \mathfrak{b}^o \qquad {}^o\mathfrak{b}_1^r := \mathfrak{b}_1^r - \mathfrak{b}^o \tag{14c}$$

$$\mathfrak{b}_1^{bp} := \sum_{i=1}^{\mathfrak{l}_1^b} \mathfrak{b}_i^b \qquad {}^o\mathfrak{b}_1^{bp} := \mathfrak{b}_1^{bp} - \mathfrak{b}^o \tag{14d}$$

und erhalten so - mit Konvention $\inf \emptyset := \infty$ - auf Ω_1^r numerische, meßbare Funktionen, die uns Anfang und Ende der ersten in $\mathfrak{I}$ liegenden Leerlaufspanne festlegen.

Denn es gilt für alle $1 \leq k < \mathfrak{l}_1^a$

$$\sum_{i=1}^{\mathfrak{n}^o+k-1} \mathfrak{b}_i^b - \mathfrak{b}^o > \sum_{i=1}^{k} \mathfrak{b}_i^a - \mathfrak{a}^o,$$

d.h. der k-te Kunde nach Beginn kommt noch bevor die $\mathfrak{n}^o$ Anfangskunden

---

2) Wir lassen hier und in der Folge, wenn keine Mißverständnisse auftreten können, bei stochastischen Variablen, die durch gotische Schriftzeichen ausnahmslos gekennzeichnet sind, das Argument ω weg.

und die k-1 Vorgänger bedient sind; erst am Ende der $(n^o+\mathfrak{t}_1^a-1)$-ten Bedienungszeitspanne sind alle seit Beginn in das Bedienungssystem aufgenommen und dort vorhandenen Kunden bedient, ehe am Ende der $\mathfrak{t}_1^a$-ten Zwischenankunftszeitspanne wieder ein Kunde das bereits leere Bedienungssystem aufsucht.

Dabei kennzeichnet ${}^o\mathfrak{b}_1^{bp}$ den Anfang - von $t=o$ her gemessen - und ${}^o\mathfrak{b}_1^r$ das Ende der ersten Leerlaufperiode, ($\mathfrak{b}_1^{bp}$ und $\mathfrak{b}_1^r$ sind gegenüber ${}^o\mathfrak{b}_1^{bp}$ und ${}^o\mathfrak{b}_1^r$ von $t = -b^o$ her gemessen), und ${}^o\mathfrak{b}_1^r$ (oder $\mathfrak{b}_1^r$) heißt die erste Erneuerungsperiode - ein Name, der durch spätere Ueberlegungen geklärt werden wird - und ${}^o\mathfrak{b}_1^{bp}$ (oder $\mathfrak{b}_1^{bp}$) die erste Spanne ununterbrochener Bedienung (busy period).

Entsprechend lauten Bedeutung und Charakterisierung der unten induktiv definierten stochastischen Variablen.

Es sei noch bemerkt, daß $\mathfrak{t}_1^a = \infty$ auch $\mathfrak{b}_1^r = \infty$ zur Folge hat, und dann keine "Erneuerung" stattfindet. Ist jedoch $\mathfrak{b}_1^r<\infty$, so ist am Ende dieser Zeitspanne das Bedienungssystem mit genau einem Kunden besetzt, und Zwischenankunfts- sowie Bedienungszeitspannen beginnen gleichzeitig:

Es seien für ein $n \in \mathbb{N}$ bereits konstruiert:
$\Omega_n^r \subset \Omega$, $\mathfrak{t}_n^a, \mathfrak{t}_n^b : \Omega_n^r \to \overline{\mathbb{N}}$ und $\mathfrak{b}_n^r, \mathfrak{b}_n^{bp} : \Omega_n^r \to \overline{\mathbb{R}}_+$, dann setzen wir:

$$\Omega_{n+1}^r := \{\omega \in \Omega_n^r;\ \mathfrak{b}_n^r(\omega) < \infty\} \text{ und auf } \Omega_{n+1}^r \tag{15a}$$

$$\mathfrak{t}_{n+1}^a := \mathfrak{t}_n^a + \inf\{k \in \mathbb{N};\ \sum_{i=\mathfrak{t}_n^b+1}^{\mathfrak{t}_n^b+k} \mathfrak{b}_i^b \leq \sum_{i=\mathfrak{t}_n^a+1}^{\mathfrak{t}_n^a+k} \mathfrak{b}_i^a\}, \tag{15b}$$

$$\mathfrak{t}_{n+1}^b := \mathfrak{t}_n^b + (\mathfrak{t}_{n+1}^a - \mathfrak{t}_n^a) \text{ und} \tag{15c}$$

$$\mathfrak{b}_{n+1}^r := \sum_{i=\mathfrak{t}_n^a+1}^{\mathfrak{t}_{n+1}^a} \mathfrak{b}_i^a \tag{15d}$$

$$\mathfrak{b}_{n+1}^{bp} := \sum_{i=\mathfrak{t}_n^b}^{\mathfrak{t}_{n+1}^b} \mathfrak{b}_i^b \tag{15e}$$

Folgerung 2:

(i) $\mathfrak{t}^{b}_{n+1} = \mathfrak{t}^{a}_{n+1}-1+\mathfrak{n}^{o}$

(ii) $\mathfrak{n}^{o}(\omega) = o,\ \mathfrak{a}^{o}(\omega)>o,\ b^{o}(\omega) = o \Rightarrow \mathfrak{t}^{a}_{1}(\omega) = 1,\ \mathfrak{t}^{b}_{1}(\omega) = o,\ {}^{o}\mathfrak{d}^{r}_{1}(\omega) =$

$\mathfrak{d}^{a}_{1}(\omega)-\mathfrak{a}^{o}(\omega)\,{}^{o}\mathfrak{d}^{bp}(\omega) = o.$

Der Beweis erfolgt durch Rechnen und benutzt die maßgebenden Konstruktionsformeln sowie die Konventionen

$\sum_{j=i}^{k} \xi_j := o$ für $\xi_j \geq o$ und $k<i$,

$\mathfrak{t}^{a}_{o} := \mathfrak{t}^{b}_{o} := o,$

die wir alle auch in der Folge ohne besondere Erwähnung verwenden werden.

Satz 4a:

Es sei $z^{*} := (\mathfrak{t},o,o)\in\mathfrak{Z}_{\infty}$. Es gelten:

(i) Jede der Folgen $\{\mathfrak{t}^{a}_{1},\ \mathfrak{t}^{a}_{n+1}-k^{a}_{n};\ n\in\mathbb{N}\}$ und $\{\mathfrak{t}^{b}_{1},\ \mathfrak{t}^{b}_{n+1}-\mathfrak{t}^{b}_{n};\ n\in\mathbb{N}\}$ bildet für jedes $z\in\mathfrak{Z}_{\infty}$ eine Familie p^{z}-stochastisch unabhängiger Variabler mit

$$p^{z}(\mathfrak{t}^{a}_{n+1}-\mathfrak{t}^{a}_{n} = k) = p^{z}(\mathfrak{t}^{b}_{n+1}-\mathfrak{t}^{b}_{n} = k) = p^{z^{*}}(\mathfrak{t}^{a}_{1} = k) = p^{z^{*}}(\mathfrak{t}^{b}_{1} = k),\ n\in\mathbb{N} \qquad (16a)$$

(ii) Jede der Folgen $\{{}^{o}\mathfrak{d}^{r}_{1},\ \mathfrak{d}^{r}_{n+1},\ n\in\mathbb{N}\}$ und $\{{}^{o}\mathfrak{d}^{bp}_{1},\ \mathfrak{d}^{bp}_{n+1},\ n\in\mathbb{N}\}$ bildet für jedes $z\in\mathfrak{Z}_{\infty}$ eine Familie p^{z}-stochastisch unabhängiger Variablen mit

$$p^{z}(\mathfrak{d}^{r}_{n+1}\leq\zeta) = p^{z^{*}}({}^{o}\mathfrak{d}^{r}_{n}\leq\zeta) \quad \text{und} \qquad (16b)$$

$$p^{z}(\mathfrak{d}^{bp}_{n+1}\leq\zeta) = p^{z^{*}}({}^{o}\mathfrak{d}^{bp}_{1}\leq\zeta) \quad \text{für } n\in\mathbb{N},\ \zeta\in\mathbb{R}. \qquad (16c$$

Beweis:

Wir begründen zunächst für alle $n\in\mathbb{N}$ und $(k_1,\ldots,k_{n+1})\in\mathbb{N}^{n+1}$

$p^{z}(\mathfrak{t}^{a}_{1}=k_1,\ \mathfrak{t}^{a}_{2}-\mathfrak{t}^{a}_{1}=k_2,\ldots,\mathfrak{t}^{a}_{n+1}-\mathfrak{t}^{a}_{n}=k_{n+1}) =$

$p^{z}(\mathfrak{t}^{a}_{1}=k_1)p^{z}(\mathfrak{t}^{a}_{2}-\mathfrak{t}^{a}_{1}=k_2),\ldots,p^{z}(\mathfrak{t}^{a}_{n+1}-\mathfrak{t}^{a}_{n}=k_{n+1})$

eine Relation, die die stochastische Unabhängigkeit impliziert.

Es gilt aber für $n\in\mathbb{N}$:

$$p^z(\mathfrak{t}_1^a=k_1,\ \mathfrak{t}_2^a-\mathfrak{t}_1^a=k_2,\dots,\mathfrak{t}_{n+1}^a-\mathfrak{t}_n^a = k_{n+1}) =$$

$$\sum_{i\in\mathbb{N}\cup\{0\}} p^z(\mathfrak{t}_1^a=k_1,\ \mathfrak{t}_2^a-\mathfrak{t}_1^a=k_2,\dots,\mathfrak{t}_n^a-\mathfrak{t}_{n-1}^a=k_n,\ \mathfrak{t}_n^b=i,\ \mathfrak{t}_{n+1}^a-k_n^a = k_{n+1})$$

Da aber das Ereignis, siehe Formeln (14) und (15), $\{\omega;\ \mathfrak{t}_1^a=k_1,\dots,\mathfrak{t}_n^a-\mathfrak{t}_{n-1}^a=k_n,\mathfrak{t}_n^b=i\}$ nur von $\mathfrak{n}^o$, $\mathfrak{a}^o$, $\mathfrak{b}^o$ und $\mathfrak{b}_j^a$, $j\leq k_1+\dots+k_n$ sowie $\mathfrak{b}_j^b$, $j\leq i$, das Ereignis $\{\omega;\ \mathfrak{t}_{n+1}^a-k_n^a=k_{n+1}\}$ von $\mathfrak{b}_j^a$; $j>k_1+\dots+k_n$ und $\mathfrak{b}_j^b, j>i$ bestimmt werden, so liefert Satz 1 über die Unabhängigkeit der $\mathfrak{b}_j^a$ und $\mathfrak{b}_j^b$ und deren Verteilungsgesetze

$$p^z(\mathfrak{t}_1^a=k_1,\ k_2^a-k_1^a = k_2,\dots,\mathfrak{t}_{n+1}^a-\mathfrak{t}_n^a = k_{n+1}) =$$

$$p^z(\mathfrak{t}_{n+1}^a-\mathfrak{t}_n^a=k_{n+1})\cdot \sum_{i\in\mathbb{N}\cup\{0\}} p^z(\mathfrak{t}_1^a=k_1,\mathfrak{t}_2^a-k_1^a=k_2,\dots,\mathfrak{t}_n^a-k_{n-1}^a=k_n,k_n^b=i) =$$

$$p^z(\mathfrak{t}_{n+1}^a-k_n^a=k_{n+1})\cdot p^z(\mathfrak{t}_1^a=k_1,\mathfrak{t}_2^a-\mathfrak{t}_1^a=k_2,\dots,\mathfrak{t}_n^a-\mathfrak{t}_{n-1}^a=k_n).$$

Wiederholtes Anwenden dieses Schlusses führt zur oben aufgestellten Relation.

In analoger Weise wird die Aussage über $\{\mathfrak{t}_1^b,\ \mathfrak{t}_{n+1}^b-\mathfrak{t}_n^b;\ n\in N\}$ bewiesen.

(16a) folgt nun aus (15c) und (15b) sowie (14b) und (14c), wenn man beachtet, daß p^z als Träger die Teilmenge $\{\omega\in\Omega;\ \mathfrak{n}^o(\omega) = 1,\ \mathfrak{a}^o(\omega) = o$ $\mathfrak{b}^o(\omega) = 0\}$

besitzt, dort (14b) und (14c) analog zu (15b) und (15c) aufgebaut sind und $p^{z^*}(\mathfrak{b}_1^a\leq\zeta) = p^z(\mathfrak{b}_{n+1}^a\geq\zeta)$ sowie $p^{z^*}(\mathfrak{b}_1^b\leq\zeta) = p^z(\mathfrak{b}_{n+1}^b\leq\zeta)$ für $n\in\mathbb{N}$ gelten.

Damit ist (i) bewiesen.

Um (ii) zu beweisen, rechnet man unter Verwendung von (14d), (15d)

$$p^z({}^o\mathfrak{b}_1^r\leq\zeta_1,\dots,\mathfrak{b}_{n+1}^r\leq\zeta_{n+1}) =$$

$$p^z\Big(\sum_{i=1}^{\mathfrak{t}_1^a} \mathfrak{b}_i^a-\mathfrak{a}^o\leq\zeta_1,\ \sum_{i=\mathfrak{t}_1^a+1}^{\mathfrak{t}_2^a} \mathfrak{b}_i^a\leq\zeta_2,\dots,\ \sum_{i=\mathfrak{t}_n^a+1}^{\mathfrak{t}_{n+1}^a} \mathfrak{b}_i^a\leq\zeta_n\Big) =$$

$$\sum_{k_1\in N,\dots,k_{n+1}\in N} p^z\Big(\mathfrak{t}_1^a=k_1,\ \sum_{i=1}^{k_1} \mathfrak{b}_i^a-\mathfrak{a}^o\leq\zeta_1,\ \mathfrak{t}_2^a-\mathfrak{t}_1^a=k_2,\ \sum_{i=1}^{k_2} \mathfrak{b}_{K^1+i}^a\leq\zeta_2$$

$$\dots,\ \mathfrak{t}_{n+1}^a-k_n^a = k_{n+1},\ \sum_{i=1}^{k_{n+1}} \mathfrak{b}_{K^n+i}^a\leq\zeta_{n+1}\Big),\quad n\in\mathbb{N}.$$

mit $K^{i+1} = k_1+\ldots+k_i$ für $i\in\mathbb{N}$.

Analoge Betrachtungen zu den in (i) verwendeten, zeigen, daß $\{\omega;\ t^a_{n+1}-t^a_n = k_{n+1},\ \sum_{i=1}^{k_{n+1}} b^a_{K^{n}+i}\leq\zeta_{n+1}\}$ von dem Restereignis unabhängig und seine Verteilung nicht von n abhängt. Damit ist aber der Beweis geführt.

(16b) und (16c) folgen dann aus (16a) und Satz 1.

Mit den hier diskutierten Größen lassen sich für $t\in\mathfrak{T}$ die Anzahlen der in $]o,t]$ bedienten und der zur Zeit t im Bedienungssystem anwesenden Kunden beschreiben. Mit

$$l^r_t := \sup\{l\in\mathbb{N},\ \sum_{i=1}^{l} b^r_i\leq t+b^o\} \tag{17a}$$

kennen wir die Anzahl der bis t vollständig vergangenen Erneuerungsperioden. Die Anzahl der in $]o,t]$ bedienten Kunden lautet dann.

$$l^b_t := \sup\{l\in\mathbb{N}; l\leq t^b_{l^r_t+1},\ \sum_{i=1}^{l^r_t} b^r_i+\sum_{i=t^b_{l^r_t+1}}^{l} b^b_i\leq t+b^o\} \tag{17b}$$

und damit die Anzahl der zum Zeitpunkt t im Bedienungssystem anwesenden Kunden zu:

$$n_t := n^o+l^a_t-l^b_t \tag{17c}$$

<u>Folgerung 3:</u>

Für alle $\omega\in\Omega$ ist $n_t(\omega)\in\mathbb{N}\cup\{o\}$, und $n_t(\omega) = o$ gilt genau dann, wenn $l^b_t = t^b_{l^r_t+1}$

Beweis: für ein beliebiges $\omega\in\Omega$ gelten:

(i) $t\in[o,b_1^{\ p}(\omega)[$ oder

(ii) $t \in [b_1^{bp}(\omega), b_1^r(\omega)[$ oder für ein $k \in N$

(iii) $t \in [\sum_{i=1}^{k} b_i^r - b^o, \sum_{i=1}^{k} b_i^r - b^o + b_{k+1}^{bp}[$ oder

(iv) $t \in [\sum_{i=1}^{k} b_i^r - b^o + b_{k+1}^{bp}, \sum_{i=1}^{k+1} b_i^r[$

Im Fall

(i) ist $I_t^r = o$, $I_t^a < I_1^a$, $I_t^b < I_1^b$, daher

$\sum_{i=1}^{n^o + I_t^a - 1} b_i^b - b^o > \sum_{i=1}^{I_t^a} b_i^a - a^o$, also $I_t^b \leq n^o + I_t^a - 1$ und $n_t \in N$, da die Annahme

$I_t^b > n^o + I_t^a - 1$ zur Folge hat, daß vor dem Zeitpunkt t alle Kunden, die bis t gekommen sind (I_t^a), und alle Anfangskunden (n^o) bedient werden und somit $I_t^b = I_1^b$ ist.

Im Fall

(ii) ist $I_t^r = o$, $I_t^a = I_1^a - 1$, $I_t^b = I_1^b = I_1^a - 1 + n_o$ und $n_t = o$.

In den Fällen (iii) und (iv) ist $I_t^r = k$ und man schließt analog zu (i) und (ii).

Damit kann nun auch die Darstellung der Länge der im Zeitpunkt t bereits vergangenen Teilspanne der t überdeckenden Bedienungszeitspanne gegeben werden.

$$b_t := \begin{cases} t + b^o - \sum_{i=1}^{I_t^r} b_i^r - \sum_{i=I_{I_t^r}^b + 1}^{I_t^b} b_i^b, & \text{wenn } I_{I_t^r}^b \leq I_t^b < I_{I_t^r+1}^b \\ o & \text{, wenn } I_t^b = I_{I_t^r+1}^b \end{cases} \tag{17d}$$

<u>Folgerung 4:</u>

Es gelten

$\lim_{t \downarrow o} n_t = n^o$, $\lim_{t \downarrow o} I_t^r = o$, $\lim_{t \downarrow o} I_t^b = o$, $\lim_{t \downarrow o} b_t = b^o$ auf Ω.

Alle Pfade (bei festem, doch beliebigem $\omega \in \Omega$ betrachtet)

$\mathfrak{T} \ni t \rightarrow n_t \in \mathbb{N} \cup \{o\}$, $\mathfrak{T} \ni t \rightarrow I_t^r \in \mathbb{N} \cup \{o\}$,

$\mathfrak{T}\ni t\to l^b_t\in\mathbb{N}\cup\{o\}$, $\mathfrak{T}\ni t\to \mathfrak{b}_t\in[o,\zeta_b[$

sind stetig bis auf Sprungstellen, in denen rechtsseitige Stetigkeit vorliegt. Diese Sprungstellen häufen sich nicht in $\mathfrak{T}$. Die Sprungstellen von $\mathfrak{T}\ni t\to \mathfrak{b}_t\in[o,\zeta_b[$ sind die Endpunkte der Bedienungszeitspannen, ihrer zeitlichen Lage aneinander gereiht, die Sprungstellen von $\mathfrak{T}\ni t\to \mathfrak{n}_t\in\mathbb{N}\cup\{o\}$ ist durch die symmetrische Differenz der Sprungstellenmengen von $\mathfrak{T}\ni t\to \mathfrak{a}_t\in[o,\zeta_a[$ und $\mathfrak{T}\ni t\to \mathfrak{b}_t\in[o,\zeta_b[$ gegeben.

Korollar:

Es gilt für $z^o = (n^o,x^o,y^o)$ p^{z^o}-fast-sicher

$$\lim_{t\downarrow o} \mathfrak{n}_t = n^o,\quad \lim_{t\downarrow o} \mathfrak{a}_t = x^o,\quad \lim_{t\downarrow o} \mathfrak{b}_t = b^o$$

Der Beweis beider Aussagen folgt durch Interpretation der gegebenen Konstruktionsformeln.

Um nun analog zu Satz 3 auch die Markoffeigenschaft für den Gesamtzustandsprozeß

$$(\mathfrak{z}_t)_{t\in\mathfrak{T}} := (\mathfrak{n}_t,\mathfrak{a}_t,\mathfrak{b}_t)_{t\in\mathfrak{T}} \tag{18}$$

zu erkennen, müssen wir analog zu $\mathfrak{a}_{s+t}$ auch $\mathfrak{n}_{s+t}$ und $\mathfrak{b}_{s+t}$ durch $\mathfrak{n}_s$, $\mathfrak{a}_s$ und $\mathfrak{b}_s$ -bei Kenntnis von l^a_s, l^b_s und l^r_s- sowie durch alle $\mathfrak{b}^a_k$ und $\mathfrak{b}^b_k$ mit $k>l^a_s$ bzw. $k>l^b_s$ darstellen.

Wir setzen zu diesem Zweck für $s\in\mathfrak{T}$:

$$l^a_{s;1} := \inf\{k\in\mathbb{N};\ \sum_{i=1}^{\mathfrak{n}_s+k-1} \mathfrak{b}^b_{l^b_s+i} - \mathfrak{b}_s \le \sum_{i=1}^{k} \mathfrak{b}^a_{l^a_s+i} - \mathfrak{a}_s\}, \tag{19a}$$

$$l^b_{s;1} := l^a_{s;1} - 1 + \mathfrak{n}_s, \tag{19b}$$

$$l^a_{s,n+1} := l^a_{s;n} + \inf\{k\in\mathbb{N};\ \sum_{i=l^b_{s;n}+1}^{l^b_{s;n}+k} \mathfrak{b}^b_{l^b_s+i} \le \sum_{i=l^a_{s;n}+1}^{l^a_{s;n}+k} \mathfrak{b}^a_{l^a_s+i}\};\ n\in\mathbb{N}, \tag{19c}$$

$$\mathfrak{l}^b_{s;n+1} := \mathfrak{l}^b_{s;n} + (\mathfrak{l}^a_{s;n+1} - \mathfrak{l}^a_{s;n}), \qquad ; n\in N, \tag{19d}$$

$$\mathfrak{b}^r_{s;1} := \sum_{i=1}^{\mathfrak{l}^a_{s;1}} \mathfrak{b}^a_{I^a_s+i} - \mathfrak{a}_s + \mathfrak{b}_s, \tag{20a}$$

$${}^o\mathfrak{b}^r_{s;1} := \mathfrak{b}^r_{s;1} - \mathfrak{b}_s, \tag{20b}$$

$$\mathfrak{b}^{bp}_{s;1} := \sum_{i=1}^{\mathfrak{l}^b_{s;1}} \mathfrak{b}^b_{I^b_s+i} \tag{20c}$$

$${}^o\mathfrak{b}^{bp}_{s;1} := \mathfrak{b}^{bp}_{s;1} - \mathfrak{b}_s \tag{20d}$$

$$\mathfrak{b}^r_{s;n+1} := \sum_{i=\mathfrak{l}^a_{s;n}+1}^{\mathfrak{l}^a_{s;n+1}} \mathfrak{b}^a_{I^a_s+i} \; ; \; n\in\mathbb{N}, \tag{20e}$$

$$\mathfrak{b}^{bp}_{s;n+1} := \sum_{i=\mathfrak{l}^b_{s;n}+1}^{\mathfrak{l}^b_{s;n+1}} \mathfrak{b}^b_{I^b_s+i}, n\in\mathbb{N} \quad \text{und} \tag{20f}$$

$$I^r_{s;t} := \sup\{l\in\mathbb{N};\ \sum_{i=1}^{l} \mathfrak{b}^r_{s;i} \leq t+\mathfrak{b}_s\}. \tag{21}$$

Folgerung 5:

Für s=o ergeben sich die Formeln (14)-(17a) und es gelten:

(i) $\mathfrak{l}^a_{s;n} = \mathfrak{l}^a_{I^r_s+n} - I^a_s \; ; \; n\in\mathbb{N},$,

$\mathfrak{l}^b_{s;n} = \mathfrak{l}^b_{I^r_s+n} - I^b_s; \; n\in\mathbb{N}$

(ii)

$$\mathfrak{b}^r_{s;1} = \begin{cases} \mathfrak{b}^r_{I^r_s+1} - \sum\limits_{i=\mathfrak{l}^b_{I^r_s}+1}^{I^b_s} \mathfrak{b}^b_i, & \text{wenn } \mathfrak{l}^b_{I^r_s} \leq I^b_s < \mathfrak{l}^b_{I^r_s+1} \\ \sum\limits_{i=1}^{I^r_s} \mathfrak{b}^r_i + \mathfrak{b}^r_{I^r_s+1} - s - \mathfrak{b}^o, & \text{wenn } I^b_s = \mathfrak{l}^b_{I^r_s+1}, \end{cases}$$

$\mathfrak{b}^r_{s;n+1} = \mathfrak{b}^r_{I^r_s+n+1} \; ; \; n\in\mathbb{N}$

$\mathfrak{b}^{bp}_{s;1} = o$, wenn $I^b_s = \mathfrak{l}^b_{I^r_s+1}$,

$$\mathfrak{b}^{bp}_{s;n+1} = \mathfrak{b}^{bp}_{\mathfrak{l}^r_s+n+1}\ ;\ n\in N$$

(iii) $\mathfrak{l}^r_{s;t} = \mathfrak{l}^r_{s+t} - \mathfrak{l}^r_s$

(iv) $\mathfrak{l}^b_{s+t} = \mathfrak{l}^b_s + \sup\{l\in\mathbb{N};\ l \leq \mathfrak{k}^b_{s;\mathfrak{l}^r_{s;t}+1},\ \sum_{i=1}^{\mathfrak{l}^r_{s;t}} \mathfrak{b}^r_{s,i} + \sum_{i=\mathfrak{k}^b_{s;\mathfrak{l}^r_{s;t}+1}}^{l} \mathfrak{b}^b_{\mathfrak{l}^b_s+i} \leq t+\mathfrak{b}_s\}$

(v)

$$\mathfrak{b}_{s+t} = \begin{cases} t+\mathfrak{b}_s - \sum_{i=1}^{\mathfrak{l}^r_{s;t}} \mathfrak{b}^r_{s,i} - \sum_{i=\mathfrak{k}^b_{s;\mathfrak{l}^r_{s;t}+1}}^{\mathfrak{l}^b_{s+t}-\mathfrak{l}^b_s} \mathfrak{b}^b_{\mathfrak{l}^b_s+i} & \text{, wenn } \mathfrak{k}^b_{s,\mathfrak{l}^r_{s;t}} \leq \mathfrak{l}^b_{s+t}-\mathfrak{l}^b_s < \mathfrak{k}^b_{s,\mathfrak{l}^r_s+1} \\ o & \text{, wenn } \mathfrak{l}^b_{s+t}-\mathfrak{l}^b_s = \mathfrak{k}^b_{s,\mathfrak{l}^r_{s;t}+1} \end{cases}$$

(vi) $\mathfrak{n}_{s+t} = \mathfrak{n}_s + (\mathfrak{l}^a_{s+t} - \mathfrak{l}^a_s) - (\mathfrak{l}^b_{s+t} - \mathfrak{l}^b_s)$

$$= \mathfrak{n}_s + \sup\{l\in\mathbb{N};\ \sum_{i=1}^{l} \mathfrak{b}^a_{\mathfrak{l}^a_s+i} \leq t+\mathfrak{a}_s\}$$

$$- \sup\{l\in\mathbb{N};\ l \leq \mathfrak{k}^b_{s;\mathfrak{l}^r_{s;t}+1},\ \sum_{i=1}^{\mathfrak{l}^r_{s;t}} \mathfrak{b}^r_{s;i} + \sum_{i=\mathfrak{k}^b_{s;\mathfrak{l}^r_{s;t}}+1}^{l} \mathfrak{b}^b_{\mathfrak{l}^b_s+i} \leq t+\mathfrak{b}_s\}$$

Die Beweise ergeben sich durch Rechnen aus den Festsetzungen (19)-(21) unter Verwendung von (12), (13) und (17). Zugleich lassen aber die Formeln (19)-(21) und die Ergebnisse (iv) und (v) von Folgerung 5 zusammen mit (ii) von Satz 3 die Erweiterung der Aussage (iii) eben dieses Satzes auf den Gesamtprozeß $(\mathfrak{z}_t)_{t\in\mathfrak{T}} = (\mathfrak{n}_t, \mathfrak{a}_t, \mathfrak{b}_t)_{t\in\mathfrak{T}}$ zu.

<u>Satz 5a:</u>

(i) $((\Omega,\mathfrak{A})_\infty, (p^z)_{z\in\mathfrak{Z}_\infty}, (\mathfrak{z}_t)_{t\in\mathfrak{T}})$ stellt einen starken Markoffprozeß mit Zustandsraum $\mathfrak{Z}_\infty$ und stationärer Uebergangsfunktion dar.

(ii) Es werden gesetzt: $z^* := (1,o,o)$

$\Omega_t := \{\omega\in\Omega;\ {}^o\mathfrak{b}^r_1 > t\};\ t\in\mathfrak{T}$ (22a)

$$\hat{\mathfrak{z}}_t := \mathfrak{z}_t|_{\Omega_t} \; ; \; t\in\mathfrak{T}, \tag{22b}$$

$$\phi_r(z;\zeta) := p^z({}^o\mathfrak{b}_1^r \le \zeta); \; z\in\mathfrak{Z}_\infty, \; \zeta\in\mathbb{R} \; . \tag{22c}$$

Da ${}^o\mathfrak{b}_1^r$ eine Stopzeit des Prozesses $(\mathfrak{z}_t)_{t\in\mathfrak{T}}$ ist, bildet $(\hat{\mathfrak{z}}_t)_{t\in\mathfrak{T}}$ einen starken Markoffprozeß mit Lebenzeit ${}^o\mathfrak{b}_1^r$ und es gelten für jedes $B\in\mathfrak{Z}_\infty\cap\mathfrak{B}^3$, $t\in\mathfrak{T}$, $z\in\mathfrak{Z}_\infty$,

$$p^z(\mathfrak{z}_t\in B) = p^z(\hat{\mathfrak{z}}_t\in B) + \int_o^t p^{z^*}(\mathfrak{z}_{t-\zeta}\in B)\; d\phi_r(z;\zeta) \tag{23a}$$

$$\phi_r(z;t) = 1-p^z(\hat{\mathfrak{z}}_t\in\mathfrak{Z}_\infty). \tag{23b}$$

Beweis: Wir zeigen zuerst, daß für jedes $\omega\in\Omega$ und $t\in\mathfrak{T}$ $\mathfrak{z}_t(\omega) = (\mathfrak{n}_t(\omega),\; \mathfrak{a}_t(\omega),\; \mathfrak{b}_t(\omega))$ die Bedingungen $(\mathfrak{Z})$, $(\mathfrak{Z}0)$ und $(\mathfrak{Z}\infty)$ erfüllen, d. h. $\mathfrak{z}_t$ als Zustandsraum $\mathfrak{Z}_\infty$ besitzt.

In Folgerung 3 und durch die Konstruktionen von $\mathfrak{a}_t$ und $\mathfrak{b}_t$ sind $(\mathfrak{Z})$ und $(\mathfrak{Z}o)$ als erfüllt aufgezeigt.

Zum Nachweis von $(\mathfrak{Z}\infty)$ betrachten wir die Fälle:

$t\in [o, {}^o\mathfrak{b}_1^{bp}[$ oder für ein $k\in\mathbb{N}$ $t \in [{}^o\mathfrak{b}_1^r + \sum_{i=2}^k \mathfrak{b}_i^r,\; {}^o\mathfrak{b}_1^r + \sum_{i=2}^k \mathfrak{b}_i^r + \mathfrak{b}_{k+1}^{bp}[$

mit $\mathfrak{n}_t = 1$ d.h. $I_t^b = I_t^a + \mathfrak{n}^o - 1$.

Für $t\in [o, {}^o\mathfrak{b}_1^{bp}[$ gilt aber wegen (14b,c) und (12b) sowie (17b)

$$\sum_{i=1}^{\mathfrak{n}^o + I_t^a - 1} \mathfrak{b}_i^b - \mathfrak{b}^o \ge \sum_{i=1}^{I_t^a} \mathfrak{b}_i^a - \mathfrak{a}^o, \text{ also}$$

$$\sum_{i=1}^{I_t^b} \mathfrak{b}_i^b - \mathfrak{b}^o \ge \sum_{i=1}^{I_t^a} \mathfrak{b}_i^a - \mathfrak{a}^o, \text{ und daher}$$

$$\mathfrak{a}_t = t+\mathfrak{a}^o - \sum_{i=1}^{I_t^a} \mathfrak{b}_i^a \ge t+\mathfrak{b}^o - \sum_{i=1}^{I_t^b} \mathfrak{b}_i^b = \mathfrak{b}_t, \text{ und } (\mathfrak{Z}\infty) \text{ ist erfüllt.}$$

Für t aus den weiteren Intervallen schließt man analog. Die Markoffeigenschaft des Prozesses ist bereits begründet. Da $(\mathfrak{z}_t)_{t\in\mathfrak{T}}$ "sprungartig" ([Dynkin, 1961]) ist und eine stationäre Uebergangsfunktion besitzt (homogener Markoffprozeß), ist $(\mathfrak{z}_t)_{t\in\mathfrak{T}}$ ein starker (Dynkin: strenger) Markoffprozeß und besitzt daher die Markoffeigenschaft auch bezüglich (stochastischer) Stopzeiten. Offensichtlich sind

$$\mathfrak{t}_k := {}^o\mathfrak{d}_1^r + \sum_{i=2}^{k} \mathfrak{d}_i^r \ , \ k\in\mathbb{N}$$

Stopzeiten von $(\mathfrak{z}_t)_{t\in\mathfrak{T}}$ $(\mathfrak{t}_1 = \inf\{t>o;\ \mathfrak{z}_t = (1,o,o),\ \mathfrak{z}_u\in\mathfrak{Z}_\infty-\{(1,o,o)\}$ für $o<u<t\}$, usw.).

Daher bildet auch $(\hat{\mathfrak{z}}_t)_{t\in\mathfrak{T}}$ einen starken Markoffprozeß mit Lebenszeit $\mathfrak{t}_1 = {}^o\mathfrak{d}_1^r$ und (23 a,b) gelten auf Grund folgender Ueberlegung:

Es gilt zunächst:

$$p^z(\mathfrak{z}_t\in B) = p^z(\omega\in\Omega_t;\ \mathfrak{z}_t\in B) + p^z(\omega\in\Omega-\Omega_t;\ \mathfrak{z}_t\in B)$$

$$= p^z(\hat{\mathfrak{z}}_t\in B) + p^z(\mathfrak{z}_t\in B,\ {}^o\mathfrak{d}_1^r\leq t).$$

Nun ist für $\omega\in\Omega-\Omega_t$ $\quad \mathfrak{t}_1(\omega)\leq t$ und $\mathfrak{z}_{\mathfrak{t}_1(\omega)}(\omega)=(1,o,o)$.

Stellt man aber $\mathfrak{z}_t$ auf $\Omega-\Omega_t$ entsprechend unserer Formeln (19) und den daraus folgenden mit Hilfe von $\mathfrak{z}_{\mathfrak{t}_1}$ dar, so liefert die starke Markoffeigenschaft

$$p^z(\mathfrak{z}_t\in B;\ {}^o\mathfrak{d}_1^r \leq t) = \int\limits_{\{{}^o\mathfrak{d}_1^r\leq t\}} p^{z^*}(\mathfrak{z}_{t-\mathfrak{t}_1}\in B)\ dp^z(\omega)$$

$$= \int_o^t p^{z^*}(\mathfrak{z}_{t-\zeta}\in B)\, d\phi_r(z;\zeta)$$

und somit (23a). Wird $B = \mathfrak{Z}_\infty$ gesetzt, so lautet (23a)

$$1 = p^z(\hat{\mathfrak{z}}_t\in\mathfrak{Z}_\infty) + \int_o^t d\phi_r(z;\zeta) \text{ oder}$$

$$\phi_r(z;t) = 1-p^z(\hat{\mathfrak{z}}_t\in\mathfrak{Z}_\infty).$$

Eine zu (23a) analoge Gleichung kann auch für beliebige $\mathfrak{t}_k$ aufgestellt werden, und die Zeiten $\mathfrak{t}_k$ erweisen sich als Regenerationszeiten von $(\mathfrak{z}_t)_{t\in\mathfrak{T}}$. Damit besteht die Möglichkeit, die Folge der $\{\mathfrak{d}_k^r,\ k\in\mathbb{N}\}$ als Erneuerungsprozeß in $(\mathfrak{z}_t)_{t\in\mathfrak{T}}$ einzubetten, womit nun auch die Bezeichnung "Erneuerungsperioden" für die Variablen $\mathfrak{d}_k^r$ hinreichend erklärt ist.

Nun ist ein Markoffprozeß durch seine Uebergangsfunktion

$$p_t(z,B) := p^z(\mathfrak{z}_t \in \mathfrak{Z}_\infty \cap B);\ B \in \mathfrak{B}^3,\ z \in \mathfrak{Z}_\infty,\ t \in \mathfrak{T} \tag{25a}$$

vollständig bestimmt. Die Gleichungen (23a,b) zeigen, daß in unserem Fall sogar die Kenntnis der Uebergangsfunktion

$$\hat{p}_t(z;B) := p^z(\hat{\mathfrak{z}}_t \in \mathfrak{Z}_\infty \cap B);\ B \in \mathfrak{B}^3,\ z \in \mathfrak{Z}_\infty,\ t \in \mathfrak{T} \tag{25b}$$

genügt; und sie reicht auch aus, die Verteilung der Schlangenlänge n_t in jedem Zeitpunkt $t \in \mathfrak{T}$ zu berechnen.

<u>Folgerung 6:</u>

Werden für $z \in \mathfrak{Z}_\infty$, $t \in \mathfrak{T}$, $\nu \in \mathbb{N} \cup \{o\}$, $\zeta \in \mathbb{R}$

$p_\nu^z(t) := p_t(z;\{\nu\} \times \mathbb{R} \times \mathbb{R})$,

$\hat{p}_\nu^z(t) := \hat{p}_t(z;\{\nu\} \times \mathbb{R} \times \mathbb{R})$ und

$\phi_{bp}(z;\zeta) := p^z({}^o\mathfrak{b}_1^{bp} \leq \zeta)$ gesetzt, so gelten

$$p_\nu^z(t) = \hat{p}_\nu^z(t) + \int_o^t p_\nu^{z^*}(t-\zeta)\,d\phi_r(z;\zeta);\ t \in \mathfrak{T}, \tag{26a}$$

$$\phi_r(z;t) = 1 - \sum_{\nu=o}^{\infty} \hat{p}_\nu^z(t);\ t \in \mathfrak{T} \text{ und} \tag{26b}$$

$$\phi_{bp}(z;t) = 1 - \sum_{\nu=1}^{\infty} \hat{p}_\nu^z(t);\ t \in \mathfrak{T}. \tag{26c}$$

Die Beweise von (26a,b) sind offensichtlich. (26c) folgt aus der trivialen Beziehung $\phi_{bp}(z;t) = 1 - p^z(\hat{\mathfrak{z}}_t \in \mathfrak{Z}_\infty - \{o\} \times \mathbb{R}_+ \times \{o\})$.

Neben der bisher aufgezeigten Bedeutung der Gleichungen (23a,b) besteht eine weitere, wesentliche: Wir können auf ihrer Basis die Grenzwertsätze der Erneuerungstheorie [Smith, 1953/54] zur Untersuchung des Stabilitätsverhaltens des Warteschlangenprozesses $(n_t)_{t \in \mathfrak{T}}$ nutzbringend verwenden, wobei es dann wiederum nur auf das Verhalten von $(\hat{\mathfrak{z}}_t)_{t \in \mathfrak{T}}$ ankommt. Diese Probleme sind Gegenstand des übernächsten Kapitels.

Bevor wir aber im nächsten Kapitel die Uebergangsfunktion $\hat{p}_t(z;B)$ aus den Ausgangsdaten ϕ_a und ϕ_b berechnen, wollen wir in diesem Abschnitt noch diejenigen Aenderungen an den Formeln für n_t, a_t und b_t anbringen, die für die Darstellung eines Bedienungskanals mit endlichem Warteraum notwendig sind, und in einem letzten Abschnitt dieses Kapitels auf einige Spezialisierungen des vorliegenden Prozesses in wenigen Bemerkungen eingehen.

Die oben erwähnten Aenderungen beginnen bereits bei der Darstellung der Erneuerungsperioden des Bedienungskanals und der "busy periods" des Bedienungsschalters:
Wie früher berechnen wir -zunächst ohne Berücksichtigung der Größe des Warteraumes- Anfang und Ende der ersten in $\mathfrak{T}$ liegenden "Leerlaufperiode" des Bedienungsschalters und parallel dazu den ersten in $\mathfrak{T}$ liegenden Zeitpunkt, in dem bei der Ankunft eines Kunden die Anzahl $N \geq 1$ von gleichzeitig im Bedienungssystem anwesenden Kunden überschritten wird. Umfaßt der Warteraum des Bedienungskanals nur N-1 Plätze, so wird eben dieser Kunde abgewiesen.
Liegt nun aber der Beginn der ersten "Leerlaufperiode" vor diesem Zeitpunkt, so kennen wir damit auch das Ende der ersten "Busy period" des Bedienungskanals mit N-1 Warteplätzen. Im entgegengesetzten Fall ist die ursprüngliche Berechnung der Leerlaufspanne falsch. Sie muß neu angesetzt werden unter Berücksichtigung des abgewiesenen Kunden. Parallel dazu wird aber wiederum berechnet, wann die Anzahl der gleichzeitig anwesenden Kunden erneut die Zahl N überschreitet. Eine zweite analoge Abfrage klärt, ob ein weiterer Kunde abgewiesen worden ist, bevor die erste Leerlaufperiode beginnt. Diese Neuberechnungen und Abfragen werden solange fortgesetzt, bis der Anfang der Leerlaufperiode effektiv beginnt, deren Ende, das Ende der ersten Erneuerungsperiode, da ebenfalls bestimmt werden kann. Für die zweite und jede weitere Erneuerungsperiode wiederholt sich der Abfragevorgang.

In Formeln setzen wir mit der Konvention $\inf \emptyset := \infty$ und der selbstverständlichen Annahme $(\mathfrak{n}^o(\omega), \mathfrak{a}^o(\omega), \mathfrak{b}^o(\omega)) \in \mathfrak{Z}_N$ für $\omega \in \Omega$ induktiv:

$$\Omega_1^r := \Omega \tag{27a}$$

$$\mathfrak{k}^a(1;1) := \inf \{k \in \mathbb{N};\ \sum_{i=1}^{n^o+k-1} \mathfrak{b}_i^b - \mathfrak{b}^o \leq \sum_{i=1}^{k} \mathfrak{b}_i^a - \mathfrak{a}^o\}, \tag{27b}$$

$$\mathfrak{k}^{a,N}(1;1) := \inf \{k \in \mathbb{N};\ \sum_{i=1}^{k} \mathfrak{b}_i^a - \mathfrak{a}^o < \sum_{i=1}^{n^o+k-N} \mathfrak{b}_i^b - \mathfrak{b}^o\}, \tag{27c}$$

$$\mathfrak{k}^a(1;m+1) := \inf \{k \in \mathbb{N};\ k > \mathfrak{k}^{a,N}(1;m),\ \sum_{i=1}^{n^o+k-1-m} \mathfrak{b}_i^b - \mathfrak{b}^o \leq \sum_{i=1}^{k} \mathfrak{b}_i^a - \mathfrak{a}^o\}, \tag{27d}$$

$$\mathfrak{k}^{a,N}(1;m+1) := \inf \{k \in \mathbb{N};\ k > \mathfrak{k}^{a,N}(1;m),\ \sum_{i=1}^{k} \mathfrak{b}_i^a - \mathfrak{a}^o < \sum_{i=1}^{n^o+k-N-m} \mathfrak{b}_i^b - \mathfrak{b}^o\} \tag{27e}$$

und $\mathfrak{k}^a(1;\infty) := \infty$, sowie (27f)

$$\mathfrak{m}_1 := \inf \{m \in \mathbb{N} \cup \{o\};\ \sup(\mathfrak{k}^a(1;m+1),\ \mathfrak{k}^{a,N}(1;m+1)) = \mathfrak{k}^{a,N}(1;m+1)\}, \tag{27g}$$

für $1 \leq m \leq \mathfrak{m}_1$

$$\mathfrak{k}_m^{a,N} := \mathfrak{k}^{a,N}(1;m), \tag{27h}$$

$$\mathfrak{k}_1^a := \mathfrak{k}^a(1;\mathfrak{m}_1+1) \tag{27i}$$

$$\mathfrak{k}_1^b := \mathfrak{k}_1^a + n^o - 1 - \mathfrak{m}_1 \tag{27j}$$

und erhalten so mit

$\mathfrak{m}_1$ die Anzahl der während der ersten Erneuerungsperiode (oder auch "busy period") abgewiesenen Kunden, $\mathfrak{k}_m^{a,N}$ die Nummer derjenigen Zwischenankunftszeitspanne, an deren Ende der m-te Kunde abgewiesen wird. $\mathfrak{k}_1^a$ und $\mathfrak{k}_1^b$ besitzen wieder ihre bereits bekannten Bedeutungen. Mit ihren Werten lassen sich in gewohnter Weise die Erneuerungsperioden ${}^o\mathfrak{b}_1^r$, $\mathfrak{b}_1^r$ und "busy periods" ${}^o\mathfrak{b}_1^{bp}$, $\mathfrak{b}_1^{bp}$ gemäß (14d,e) festsetzen.

Es seien nun für ein $n \in \mathbb{N}$ bereits bekannt:

Ω_n^r, darauf als numerische, meßbare Funktion $\mathfrak{m}_n$, die Anzahl der bis zum Ende der n-ten Erneuerungsperiode abgewiesenen Kunden,

$\mathfrak{t}_m^{a,N}$ für $1 \leq m \leq \mathfrak{m}_n$ in der bereits angegebenen Bedeutung, sowie

$\mathfrak{t}_n^a$, $\mathfrak{t}_n^b$, $\mathfrak{d}_n^r$ und $\mathfrak{d}_n^{bp}$

Dann setzen wir wieder induktiv:

$$\Omega_{n+1}^r := \{\omega \in \Omega_n^r;\ \mathfrak{d}_n^r < \infty\}, \tag{28a}$$

$$\mathfrak{t}^a(n+1;1) := \inf\{k \in \mathbb{N};\ \sum_{i=\mathfrak{t}_n^b+1}^{\mathfrak{t}_n^b+k} \mathfrak{d}_i^b \leq \sum_{i=\mathfrak{t}_n^a+1}^{\mathfrak{t}_n^a+k} \mathfrak{d}_i^a\}, \tag{28b}$$

$$\mathfrak{t}^{a,N}(n+1;1) := \inf\{k \in \mathbb{N};\ \sum_{i=\mathfrak{t}_n^a+1}^{\mathfrak{t}_n^a+k} \mathfrak{d}_i^a < \sum_{i=\mathfrak{t}_n^b+1}^{\mathfrak{t}_n^b+1+k-N} \mathfrak{d}_i^b\}, \tag{28c}$$

$$\mathfrak{t}^a(n+1;m+1) := \inf\{k \in \mathbb{N};\ k > \mathfrak{t}^{a,N}(n+1;m),\ \sum_{i=\mathfrak{t}_n^b+1}^{\mathfrak{t}_n^b+k-m} \mathfrak{d}_i^b \leq \sum_{i=\mathfrak{t}_n^a+1}^{\mathfrak{t}_n^a+k} \mathfrak{d}_i^a\}, \tag{28d}$$

$$\mathfrak{t}^{a,N}(n+1;m+1) := \inf\{k \in \mathbb{N};\ k > \mathfrak{t}^{a,N}(n+1;m),\ \sum_{i=\mathfrak{t}_n^a+1}^{\mathfrak{t}_n^a+k} \mathfrak{d}_i^a < \sum_{i=\mathfrak{t}_n^b+1}^{\mathfrak{t}_n^b+1+k-m-N} \mathfrak{d}_i^b\}, \tag{28e}$$

$$\mathfrak{t}^a(n+1;\infty) := \infty, \text{ sowie} \tag{28f}$$

$$\mathfrak{m}_{n+1} := \mathfrak{m}_n + \inf\{m \in \mathbb{N} \cup \{o\};\ \sup(\mathfrak{t}^a(n+1;m+1),\ \mathfrak{t}^{a,N}(n+1;m+1)) = \mathfrak{t}^{a,N}(n+1;m+1)\}, \tag{28g}$$

für $\mathfrak{m}_n < m \leq \mathfrak{m}_{n+1}$

$$\mathfrak{t}_m^{a,N} := \mathfrak{t}_n^a + \mathfrak{t}^{a,N}(n+1;\ m-\mathfrak{m}_n), \tag{28h}$$

$$\mathfrak{t}_{n+1}^a := \mathfrak{t}_n^a + \mathfrak{t}^a(n+1;\ \mathfrak{m}_{n+1}-\mathfrak{m}_n+1) \tag{28c}$$

$$\mathfrak{t}_{n+1}^b := \mathfrak{t}_n^b + (\mathfrak{t}_{n+1}^a - \mathfrak{t}_n^a) - (\mathfrak{m}_{n+1} - \mathfrak{m}_n) \tag{28j}$$

und $\mathfrak{d}_{n+1}^r$, $\mathfrak{d}_{n+1}^{bp}$ gemäß (15d,e).

<u>Folgerung 7:</u>

(i) $\mathfrak{d}_n^r < \infty \Leftrightarrow \mathfrak{t}_n^a < \infty \Rightarrow \mathfrak{m}_n < \infty$

$$\mathfrak{t}_{n+1}^b = \mathfrak{t}_{n+1}^a + n^o - 1 - \mathfrak{m}_{n+1}$$

(ii) Ist N=1, so haben:

α) $\mathfrak{n}^o = o$ zur Folge

$\mathfrak{m}_1 = o$, $\mathfrak{t}^a_1 = 1$, $\mathfrak{t}^b_1 = o$, ${}^o\mathfrak{b}^r_1 = \mathfrak{b}^a_1 - \mathfrak{a}^o$, ${}^o\mathfrak{b}^{bp}_1 = o$, und für $n \in \mathbb{N}$

$$\mathfrak{m}_{n+1} = \mathfrak{m}_n + \sup \{k \in \mathbb{N};\ \sum_{i=1}^{k} \mathfrak{b}^a_{\mathfrak{t}^a_n + i} < \mathfrak{b}^b_{\mathfrak{t}^b_n + 1}\}$$

$$\mathfrak{t}^a_{n+1} = \mathfrak{t}^a_n + \mathfrak{m}_{n+1} - \mathfrak{m}_n + 1 = \mathfrak{m}_{n+1} + n + 1$$

$$\mathfrak{t}^b_{n+1} = \mathfrak{t}^b_n + 1 = n$$

$$\mathfrak{b}^r_{n+1} = \sum_{i=1}^{\mathfrak{m}_{n+1} - \mathfrak{m}_n + 1} \mathfrak{b}^a_{\mathfrak{m}_n + n + i}$$

$$\mathfrak{b}^{bp}_{n+1} = \mathfrak{b}^b_n,$$

β) $\mathfrak{n}^o = 1$ zur Folge

$$\mathfrak{m}_1 = \sup \{k \in \mathbb{N};\ \sum_{i=1}^{k} \mathfrak{b}^a_i - \mathfrak{a}^o < \mathfrak{b}^b_1 - \mathfrak{b}^o\},\quad \mathfrak{t}^a_1 = \mathfrak{m}_1 + 1,\quad \mathfrak{t}^b_1 = 1$$

$${}^o\mathfrak{b}^r_1 = \sum_{i=1}^{\mathfrak{m}_1 + 1} \mathfrak{b}^a_i - \mathfrak{a}^o,\quad {}^o\mathfrak{b}^{bp}_1 = \mathfrak{b}^b_1 - \mathfrak{b}^o,$$

für $n \in \mathbb{N}$

$$\mathfrak{m}_{n+1} = \mathfrak{m}_n + \sup \{k \in \mathbb{N};\ \sum_{i=1}^{k} \mathfrak{b}^a_{\mathfrak{t}^a_n + i} < \mathfrak{b}^b_{\mathfrak{t}^b_n + i}\}$$

$$\mathfrak{t}^a_{n+1} = \mathfrak{t}^a_n + \mathfrak{m}_{n+1} - \mathfrak{m}_n + 1 = \mathfrak{m}_{n+1} + n + 1$$

$$\mathfrak{t}^b_{n+1} = \mathfrak{t}^b_n + 1 = n + 1$$

$$\mathfrak{b}^r_{n+1} = \sum_{i=1}^{\mathfrak{m}_{n+1} - \mathfrak{m}_n + 1} \mathfrak{b}^a_{\mathfrak{m}_n + n + i}$$

$$\mathfrak{b}^{bp}_{n+1} = \mathfrak{b}^b_{n+1}$$

(Konvention: $\sup \emptyset := o$)

Der Beweis besteht in zwangsläufigem Rechnen mit den Formeln (27) und (28).

Das Ergebnis (ii) verallgemeinert die Formeln (22.1) von [Schmidt, 1967] auf beliebige Anfangszustände $z\in\mathfrak{Z}_1$. Durch bekannte Rechenverfahren der Wahrscheinlichkeitsrechnung, insbesondere die Erneuerungstheorie betreffend [Feller, 1966], erhalten wir mit Hilfe der für $z\in\mathfrak{Z}_1$ gegebenen Erneuerungsfunktion

$$\Lambda_a(x;\zeta) = \tau_x\phi_a(\zeta)+\int_o^\zeta \sum_{j=1}^\infty \phi_a^{*j}(\zeta-\xi)d(\tau_x\phi_a(\xi)) \quad (\zeta\geq o,\ x\in[o,\zeta_a[) \qquad (29a)$$

für $\zeta\geq o$

$$p^z({}^o\mathfrak{d}_1^r\leq\zeta) = \int_o^\zeta \tau_y\phi_b(\xi)(1-\phi_a(\zeta-\xi))d\Lambda_a(x;\zeta), \text{ wenn } z=(1,x,y) \qquad (29b)$$

$$= \tau_x\phi_a(\zeta) \qquad , \text{ wenn } z=(o,x,o)$$

$$p^z({}^o\mathfrak{d}_1^{bp}\leq\zeta) = \tau_y\phi_b(\zeta) \qquad , \text{ wenn } z=(1,x,y)$$

$$= 1 \qquad , \text{ wenn } z=(o,x,o) \qquad (29c)$$

und

$$p^z(\mathfrak{d}_{n+1}^r\leq\zeta) = \int_o^\zeta \phi_b(\xi)(1-\phi_a(\zeta-\xi))d\Lambda_a(o;\zeta) \quad , n\in\mathbb{N},\ z\in\mathfrak{Z}_1$$

$$p^z(\mathfrak{d}_{n+1}^{bp}\leq\zeta) = \phi_b(\zeta) \quad , n\in\mathbb{N},\ z\in\mathfrak{Z}_1 \qquad (29d)$$

Die vorgelegte Konstruktion der $\mathfrak{d}_n^r$ und $\mathfrak{d}_n^{bp}$ zeigt, daß auch in dem Fall des endlichen Warteraumes eine zu Satz 4a gleichlautende Aussage gilt, die wir hier - auf das Wesentliche beschränkt - formulieren:

<u>Satz 4b:</u>

Es sei $z^* := (1,o,o)\in\mathfrak{Z}_N$.

Jede der Folgen $\{{}^o\mathfrak{d}_1^r,\ \mathfrak{d}_{n+1}^r;\ n\in\mathbb{N}\}$ und $\{{}^o\mathfrak{d}_1^{bp},\ \mathfrak{d}_{n+1}^{bp};\ n\in\mathbb{N}\}$ bildet für jedes $z\in\mathfrak{Z}_N$ eine Familie p^z-stochastisch unabhängiger Variablen mit

$p^z(\mathfrak{d}_{n+1}^r\leq\zeta) = p^{z^*}({}^o\mathfrak{d}_1^r\leq\zeta)$ und $p^z(\mathfrak{d}_{n+1}^{bp}\leq\zeta) = p^{z^*}({}^o\mathfrak{d}_1^{bp}\leq\zeta)$; $n\in\mathbb{N},\ \zeta\in\mathbb{R}$.

Es bleibt nun noch die Aufgabe, zur Definition von $\mathfrak{z}_t^N$ die Aenderung der Variablen $\mathfrak{a}_t$, $\mathfrak{b}_t$, $\mathfrak{n}_t$ vorzunehmen.

Da $\mathfrak{a}_t$ und I_t^a als Charakteristika des Ankunftsprozesses von der Warteraumgröße überhaupt nicht betroffen sind, können sie aus (12a,b) unverändert übernommen werden. $\mathfrak{b}_t$ aber ist nur mittelbar über die Neubestimmung der Erneuerungsperioden $\mathfrak{b}_n^r$ betroffen und erfährt formelmäßig – ebenso wie I_t^b und I_t^r – keine Aenderung, so daß wir diese Größen (bei veränderter Wirkung) aus (17a,b,d) übernehmen können.

Um aber $\mathfrak{n}_t^N$ festzusetzen, haben wir uns zu erinnern, daß alle abgewiesenen Kunden nicht zur Vergrößerung der Schlangenlänge beitragen.

Mit

$$I_t^{a,N} := \sup\{l \in \mathbb{N};\ \sum_{i=1}^{I_l^{a,N}} \mathfrak{b}_i^a \leq t + \mathfrak{a}^o\} \tag{30a}$$

setzen wir

$$\mathfrak{n}_t^N := \mathfrak{n}^o + I_t^a - I_t^{a,N} - I_t^b;\ t \in \mathfrak{T} \text{ und} \tag{30b}$$

$$\mathfrak{z}_t^N := (\mathfrak{n}_t^N,\ \mathfrak{a}_t,\ \mathfrak{b}_t)\ ;\ t \in \mathfrak{T} \tag{30c}$$

und können mit den analog zu (19-21) in Anlehnung an (27) und (28) gebildeten Formelapparat, die Entsprechungen zu Satz 5a und Folgerung 6 beweisen.

<u>Satz 5b:</u>

Für jedes $N \in \mathbb{N}$ stellt

$((\Omega,\mathfrak{A})_N,\ (p^z)_{z \in \mathfrak{Z}_N},\ (\mathfrak{z}_t^N)_{t \in \mathfrak{T}})$

einen starken Markoffprozeß mit Zustandsraum $\mathfrak{Z}_N$ und stationärer Uebergangsfunktion dar.

Werden wieder $z^* := (1,o,o)$, Ω_t, $\hat{\mathfrak{z}}_t^N$ und $\phi_r(z;\zeta|N)$ analog zu (22a-c) mit $z \in \mathfrak{Z}_N$ gesetzt, so sind

$z^* \in \mathfrak{Z}_N$ für jedes $N \in \mathbb{N}$,

${}^{o}\mathfrak{b}^{r}_{1}$ eine Stopzeit von $(\mathfrak{z}^{N}_{t})_{t\in\mathfrak{T}}$

$(\hat{\mathfrak{z}}^{N}_{t})_{t\in\mathfrak{T}}$ ein starker Markoffprozeß mit Lebenszeit ${}^{o}\mathfrak{b}^{r}_{1}$,

und es gelten für jedes $N\in\mathbb{N}$, $B\in\mathfrak{Z}_N\cap\mathfrak{B}^3$, $t\in\mathfrak{T}$, $z\in\mathfrak{Z}_N$

$$p^{z}(\mathfrak{z}^{n}_{t}\in B) = p^{z}(\hat{\mathfrak{z}}^{N}_{t}\in B) + \int_{o}^{t} p^{z^*}(\mathfrak{z}^{N}_{t-\zeta}\in B)\,d\phi_r(z;\zeta|N) \quad \text{und}$$

$$\phi_r(z;\ t|N) = 1-p^{z}(\hat{\mathfrak{z}}^{N}_{t}\in\mathfrak{Z}_N).$$

Folgerung 8:

Mit analog zu Folgerung 6 zu bildenden Bezeichnungen $P^{z}_{\nu}(t|N)$ $\hat{p}^{z}_{\nu}(t|N)$, $\phi_{bp}(z;\zeta|N)$ gelten für jedes $N\in\mathbb{N}$, $z\in\mathfrak{Z}_N$, für $\nu=o,1,2,\ldots,N$

$$P^{z}_{\nu}(t|N) = \hat{p}^{z}_{\nu}(t|N) + \int_{o}^{t} P^{z^*}_{\nu}(t-\zeta|N)\,d\phi_r(z;\zeta|N);\quad t\in\mathfrak{T} \tag{31a}$$

$$\phi_r(z;t|N) = 1-\sum_{\nu=o}^{N} \hat{p}^{z}_{\nu}(t|N) \tag{31b}$$

$$\phi_{bp}(z;t|N) = 1-\sum_{\nu=1}^{N} \hat{p}^{z}_{\nu}(t|N) \tag{31c}$$

Ist insbesondere N=1, so finden wir

$$\hat{p}^{z}_{o}(t|1) = \phi_{bp}(z;t|1)-\phi_r(z;t|1)$$

$$\hat{p}^{z}_{1}(t|1) = 1-\phi_{bp}(z;t|1)$$

so daß wir über (29) und (31a), die zeitabhängigen Verteilungen von n^{1}_{t} in einem Bedienungskanal ohne Warteraum mit einem Bedienungsschalter kennen - (s.[Pyke, 1961] und [Schmidt, 1967]).

3. Die Zustandsprozesse bei exponentiell verteilten Zwischenankunfts- oder (und) Bedienungszeitspannen.

Die Konstruktion der Zustandsräume $\mathfrak{Z}_\infty$ und $\mathfrak{Z}_N$, der Meßräume $(\Omega,\mathfrak{A})_\infty$ und $(\Omega,\mathfrak{A})_N$ und der Maßfamilien $\{p^z; z\in\mathfrak{Z}_\infty\}$ und $\{p^z; z\in\mathfrak{Z}_N\}$ - $(N\in\mathbb{N}, z=(n,x,y))$ - zeigt, daß für

$$\text{(i)}\quad \phi_b(\zeta) := 1-e^{-\mu\zeta} \quad ;\zeta\geq o$$
$$:= o \quad ;\zeta<o$$

p^z vom Wert der Komponente y, für

$$\text{(ii)}\quad \phi_a(\zeta) := 1-e^{-\lambda\zeta} \quad ;\zeta\geq o$$
$$:= o \quad ;\zeta<o$$

p^z vom Wert der Komponente x der Anfangszustandsvariablen z unabhängig ist, und somit p^z weder von x noch von y abhängt, wenn die Fälle (i) und (ii) gleichzeitig eintreten. Man beachte dazu, daß im Fall (i) $\tau_y\phi_b = \phi_b$ für jede Wahl von $y\in[o,\zeta_b[$, im Fall (ii) $\tau_x\phi_a=\phi_a$, für jede Wahl von $x\in[o,\zeta_a[$ gelten.

Aus der über Satz 3 in Satz 5 gezeigten Markoffeigenschaft:
"Für alle $s,t\in\mathfrak{T}$, $B\in\mathfrak{B}^3\cap\mathfrak{Z}_\infty$ $(B\in\mathfrak{B}^3\cap\mathfrak{Z}_N)$, $z\in\mathfrak{Z}_\infty (z\in\mathfrak{Z}_N)$ $A\in\mathfrak{A}_s$, die von allen $\mathfrak{z}_u$ für $u\leq s$ in $\mathfrak{A}$ erzeugte σ-Algebra, gilt
$$p^z(\{\mathfrak{z}_{s+t}\in B\}\cap A) = \int_A p^{\mathfrak{z}_s(\omega)}(\mathfrak{z}_t\in B)\,dp^z(\omega)"$$

- wir haben sie in Analogie zum Beweis von Satz 3 von der Komponente $(a_t)_{t\in\mathfrak{T}}$ auf den Gesamtprozeß $(\mathfrak{z}_t)_{t\in\mathfrak{T}}$ übertragen -
lesen wir aber dann auf Grund der für die Fälle (i) und (ii) und deren Kombination gewonnenen Eigenschaften der Maße p^z ab:

Satz 6:

Ist ϕ_b eine Exponentialverteilung (Fall (i)), so bildet bereits

$$(\mathfrak{z}_t^b)_{t\in\mathfrak{T}} := (\mathfrak{n}_t, \mathfrak{a}_t)_{t\in\mathfrak{T}}$$

einen starken Markoffprozeß mit Zustandsraum $\mathcal{Z}_\infty^b(\mathcal{Z}_N^b)$, ist ϕ_a eine Exponentialverteilung (Fall (ii)), so bildet $(\mathfrak{z}_t^a)_{t\in\mathfrak{T}} := (\mathfrak{n}_t, \mathfrak{b}_t)_{t\in\mathfrak{T}}$ einen starken Markoffprozeß mit Zustandsraum $\mathcal{Z}_\infty^a(\mathcal{Z}_N^a)$, und sind sowohl ϕ_a als auch ϕ_b Exponentialverteilungen so ist bereits

$$(\mathfrak{n}_t)_{t\in\mathfrak{T}}$$

ein starker Markoffprozeß mit Zustandsraum $\mathbb{N}\cup\{o\}$ ($\{o,1,2,\ldots,N\}$). Dabei sind $\mathcal{Z}_\infty^b$ $(\mathcal{Z}_N^b)$ resp. $\mathcal{Z}_\infty^a(\mathcal{Z}_N^a)$ durch die Projektionen. $\pi^b(n,x,y) := (n,x)$ resp. $\pi^a(n,x,y) := (n,y)$ in natürlicher Weise gegeben.

Der Beweis wird durch formale Rechnung mit den Projektionsabbildungen π^b resp. π^a erbracht, wobei die jeweilige Unabhängigkeit der Maße p^z von y resp x Verwendung findet.

Auf diesem Satz basieren nun die meisten der für die Warteschlangenmodelle G|M|1 und M|G|1 entwickelten Methoden der eingebetteten Markoffkette, der Semimarkoffprozesse und Markoffschen Erneuerungsprozesse. (s. Einleitung) Betrachtet man im Fall (i) die Regenerationspunkte

$$\mathfrak{t}_k := \sum_{i=1}^{k} \mathfrak{b}_i^a - \mathfrak{a}^o, \quad k\in\mathbb{N},$$

so stellt auch $\mathfrak{z}_{\mathfrak{t}_k}^b$ einen Markoffprozeß, nämlich eine Markoffkette dar, da $(\mathfrak{z}_t^b)_{t\in\mathfrak{T}}$ einen starken Markoffprozeß bildet.

Diese Markoffkette hat, da $\mathfrak{a}_{\mathfrak{t}_k} = o$ auf Grund der Formeln (12) für alle $\omega\in\Omega$ gilt, die Gestalt

$$\mathfrak{z}_{\mathfrak{t}_k}^b = (\mathfrak{n}_{\mathfrak{t}_k}, o), \; k\in\mathbb{N},$$

so daß wir mit $\{n_{t_k}, k \in \mathbb{N}\}$ die in den Prozeß $(\mathfrak{z}_t^b)_{t \in \mathfrak{T}}$ eingebettete Markoffkette erhalten.

Auf eine ausführliche Darstellung der oben genannten Methoden wollen wir hier verzichten und auf die in der Einleitung genannten Arbeiten verweisen, da wir im Rahmen unserer Analyse die Fälle (i) und (ii) als Spezialfälle mit behandeln können.

II Die Uebergangsfunktion der Bedienungskanäle

Das erste Kapitel zeigt, daß zur Charkterisierung der die Bedienungskanäle beschreibenden Markoff- und Erneuerungsprozesse die Berechnung der Uebergangsfunktionen $\hat{p}_t(z;B)$ und

$$\hat{p}_t(z;B|N) := \mathfrak{P}^z(\hat{\mathfrak{z}}_t^N \in \mathfrak{Z}_N \cap B), \quad z \in \mathfrak{Z}_N, \quad t \in \mathfrak{T}, \quad B \in \mathfrak{B}^3 \tag{1}$$

ausreicht. Dabei dürfen die Mengen B sogar auf die folgenden, die σ-Algebren $\mathfrak{Z}_\infty \cap \mathfrak{B}^3$ und $\mathfrak{Z}_N \cap \mathfrak{B}^3$ erzeugenden Familien eingeschränkt werden:

$$\{B_\nu := \{\nu\} x[o,\xi_1] x[o,\xi_2];\ \nu \in \mathbb{N} \cup \{o\}, \xi_1, \xi_2 \in \mathbb{R}_+ \cup \{o\}\} \quad \text{für } \hat{p}_t(z;B),$$
$$\{B_\nu := \{\nu\} x[o,\xi_1] x[o,\xi_2];\ \nu \in \{o,1,2,\ldots,N\}; \xi_1, \xi_2 \in \mathbb{R}_+ \cup \{o\} \quad \text{für } \hat{p}_t(z;B|N). \tag{2}$$

In den folgenden Abschnitten werden unserer Aufgabenstellung entsprechend

$$\hat{p}_t(z;\nu,\xi_1,\xi_2) := \hat{p}_t(z;B_\nu) \quad \text{und}$$
$$\hat{p}_t(z;\nu,\xi_1,\xi_2|N) := \hat{p}_t(z;B_\nu|N) \tag{3}$$

bestimmt.

Für diese Betrachtungen schränken wir die für das erste Kapitel grundlegende Klasse $\mathfrak{V}_o$ zulässiger Verteilungsfunktionen ein:

$$\mathfrak{V}_1 := \{\phi \in \mathfrak{V}_o; \phi \text{ besitzt stetige Dichte } \varphi \text{ und } \phi(\zeta)<1 \text{ für } \zeta \in \mathbb{R}_+\}.$$

Während die Existenz einer Dichte für jede zulässige Verteilungsfunktion an das in der Folge dargestellte analytische Verfahren gebunden ist, sind die Forderungen "Stetigkeit der Dichte" und "$\phi(\zeta)<1$ für $\zeta \in \mathbb{R}_+$" rein technisch bedingt und können durch Zusatzbetrachtungen als überflüssig nachgewiesen werden. Wir werden an geeigneter Stelle jeweils auf diese Frage eingehen.

Die Existenz stetiger Dichten für die grundlegenden Verteilungsfunktionen Φ_a, $\Phi_b \in \mathfrak{B}_1$, deren Dichten wir durch φ_a, φ_b kennzeichnen, bedingt auch $\tau_x\Phi_a$, $\tau_y\Phi_a \in \mathfrak{B}_1$ für $x\in[o,\infty[$ und $y\in[o,\infty[$, da $\Phi_a(\zeta)<1$, $\Phi_b(\zeta)<1$ für alle $\zeta\in\mathbb{R}_+\cup\{o\}$, wobei die entsprechenden Dichten durch

$$\tau_x\varphi_a(\zeta) = \frac{\varphi_a(\zeta+x)}{1-\Phi_a(x)}, \quad \tau_o\varphi_a(\zeta)=\varphi_a(\zeta), \quad \zeta\geq o \tag{4a}$$

$$= o \qquad\qquad = o, \quad \zeta<o \quad \text{und}$$

$$\tau_y\varphi_b(\zeta) = \frac{\varphi_b(\zeta+y)}{1-\Phi_b(y)}, \quad \tau_o\varphi_b(\zeta)=\varphi_b(\zeta), \quad \zeta\geq o \tag{4b}$$

$$= o \qquad\qquad = o, \quad \zeta<o$$

gegeben sind.

Wir bemerken: Unter Stetigkeit der Dichten φ der Verteilungsfunktionen $\Phi\in\mathfrak{B}_1$ verstehen wir für $\zeta=o$ nur die rechtsseitige Stetigkeit, da alle Dichten φ für $\zeta<o$ notwendig den Wert o annehmen.

4. Die Uebergangsfunktion des Bedienungskanals mit unendlichem Warteraum.

Die Konstruktionsformel (I; 12-18) für $\mathfrak{n}_t$, $\mathfrak{a}_t$, $\mathfrak{b}_t$ und die damit verbundenen Folgerungen liefern unter Beachtung der Einschränkung $t<{}^o\mathfrak{b}_1^r$ die Beziehungen

$$\begin{aligned}
&\mathfrak{a}_t = t+\mathfrak{a}^o \text{ oder } o\leq\mathfrak{a}_t<t, \quad \mathfrak{b}_t = t+\mathfrak{b}^o \text{ oder } o\leq\mathfrak{b}_t<t,\\
&\mathfrak{n}^o = o \Rightarrow \mathfrak{n}_t = o,\ \mathfrak{b}_t = o,\ \mathfrak{a}_t = t+\mathfrak{a}^o;\quad I_t^a - I_t^b = \mathfrak{n}_t-\mathfrak{n}^o,\\
&\mathfrak{a}_t = t+\mathfrak{a}^o \Rightarrow I_t^a = o;\ o\leq\mathfrak{a}_t<t \Rightarrow I_t^a\geq 1;\ \mathfrak{n}_t = 1 \Rightarrow \mathfrak{a}_t>\mathfrak{b}_t\geq o\\
&\mathfrak{b}_t = t+\mathfrak{b}^o \Rightarrow I_t^b = o;\ o<\mathfrak{b}_t<t \Rightarrow I_t^b\geq 1\\
&\mathfrak{n}^o>o,\ \mathfrak{b}_t = o \Rightarrow I_t^b\geq 1;\ \mathfrak{n}^o>o,\ \mathfrak{n}_t = o \Rightarrow \mathfrak{a}_t>\mathfrak{b}_t = o.
\end{aligned} \tag{5}$$

Auf diese Beziehungen gründen sich - es läßt sich mit einfachen Rechnungen beweisen - die folgenden Formeln:

Setzen wir für $z = (n,x,y) \in \mathfrak{Z}_\infty$ $\nu \in \mathbb{N} \cup \{o\}$, $t \in \mathfrak{T}$, $\xi, \xi_1, \xi_2 \in]o,t]$

$$\begin{aligned}
Q_t(z;\nu) &:= p^z(n_t = \nu,\ a_t = t + a^o,\ b_t = t + b^o,\ {}^o b_1^r > t) \\
Q_t^1(z;\nu,\xi) &:= p^z(n_t = \nu,\ a_t \in [o,\xi],\ b_t = t + b^o,\ {}^o b_1^r > t), \\
Q_t^2(z;\nu,\xi) &:= p^z(n_t = \nu,\ a_t = t + a^o,\ b_t \in [o,\xi],\ {}^o b_1^r > t), \\
Q_t^1(z;\nu,\xi_1,\xi_2) &:= p^z(n_t = \nu,\ a_t \in [o,\xi_1],\ b_t \in [o,\xi_2],\ a_t \le b_t,\ {}^o b_1^r > t) \\
Q_t^2(z;\nu,\xi_1,\xi_2) &:= p^z(n_t = \nu,\ a_t \in [o,\xi_1],\ b_t \in [o,\xi_2],\ b_t < a_t,\ {}^o b_1^r > t),
\end{aligned} \tag{6a}$$

so gelten für $t = o$:

$$\begin{aligned}
Q_t(z;\nu) &= 1, \text{ wenn } \nu \in \mathbb{N} \cup \{o\} \text{ und } n = \nu \\
&= o, \text{ wenn } \nu \in \mathbb{N} \cup \{o\} \text{ und } n \neq \nu,
\end{aligned} \tag{6b}$$

während die anderen in (6a) aufgezählten Teilwahrscheinlichkeiten nicht definiert sind,

für $t \in \mathfrak{T} - \{o\}$, $n = o$, also $x > o$, $y = o$:

$$\begin{aligned}
Q_t(z;\nu) &= o &&, \text{ wenn } \nu \in \mathbb{N} \cup \{o\}, \\
Q_t^1(z;\nu,\xi) &= o &&, \text{ wenn } \nu \in \mathbb{N} \cup \{o\}, \\
Q_t^2(z;\nu,\xi) &= o &&, \text{ wenn } \nu \in \mathbb{N}, \\
&= (1 - \tau_x \phi_a(t)), &&, \text{ wenn } \nu = o \\
Q_t^1(z;\nu,\xi_1,\xi_2) &= o &&, \text{ wenn } \nu \in \mathbb{N} \cup \{o\} \text{ und} \\
Q_t^2(z;\nu,\xi_1,\xi_2) &= o &&, \text{ wenn } \nu \in \mathbb{N} \cup \{o\}
\end{aligned}$$

und für $t \in \mathfrak{T} - \{o\}$, $n \in \mathbb{N}$:

$$
\begin{aligned}
Q_t(z;\nu) &= (1-\tau_x\phi_a(t))(1-\tau_y\phi_b(t), \quad \text{wenn } \nu=n,\\
&= o \qquad\qquad , \quad \text{wenn } \nu\in\mathbb{N}\cup\{o\} \text{ und } \nu\neq n,\\
Q_t^1(z;\nu,\xi) &= (1-\tau_y\phi_b(t))\int_o^\xi (\tau_x\varphi_a \overset{t-\zeta}{\underset{o}{*}} \varphi_a^{*\,\nu-n-1})(1-\phi_a(\zeta))d\zeta, \quad \text{wenn } \nu\in\mathbb{N}\cup\{o\}\\
&\qquad \text{und } \nu>n,\\
&= o \qquad\qquad , \quad \text{wenn } \nu\in\mathbb{N}\cup\{o\} \text{ und } \nu\leq n,\\
Q_t^2(z;\nu,\xi) &= (1-\tau_x\phi_a(t)(\tau_y\phi_b \overset{t}{\underset{o}{*}} \varphi^{*n-1})\text{wenn } \nu=o,\\
&= (1-\tau_x\phi_a(t))\int_o^\xi (\tau_y\varphi_b \overset{t-\xi}{\underset{o}{*}} \varphi_b^{*\,n-\nu-1})(1-\phi_b(\zeta))d\zeta, \quad \text{wenn } \nu\in\mathbb{N}\\
&\qquad \text{und } n>\nu,\\
&= o \qquad\qquad , \quad \text{wenn } \nu\in\mathbb{N} \text{ und } n\leq\nu,\\
Q_t^1(z;\nu,\xi_1,\xi_2) &= o, \text{ wenn } \nu=o,1, \qquad\qquad (6d)\\
&= Q_t^1(z;\nu,\xi_2,\xi_2), \text{ wenn } \nu\geq 2 \text{ und } \xi_1\geq\xi_2,\\
Q_t^2(z;\nu,\xi_1,\xi_2) &= Q_t^2(z;\nu,\xi_1,t), \text{ wenn } \nu=o,\\
&= Q_t^2(z;\nu,\xi_1,\xi_1), \text{ wenn } \nu\in N \text{ und } \xi_2\geq\xi_1,
\end{aligned}
$$

$$\sum_{\nu=2}^{\infty} Q_t^1(z;\nu;\xi_1,\xi_2) \leq \tau_x\phi_a(t)\tau_y\phi_b(t) \quad \text{und}$$

$$\sum_{\nu=o}^{\infty} Q_t^2(z;\nu,\xi_1,\xi_2)\leq\tau_x\phi_a(t)\tau_y\phi_b(t)$$

Diese Ergebnisse liefern bereits teilweise und in Spezialfällen vollständig analytische Darstellungen von $\hat{p}_t(z;\nu;\xi_1,\xi_2)$:
Es gelten für $t=o$; $z=(n,x,y)\in\mathfrak{Z}_\infty$.

$$
\begin{aligned}
\hat{p}_t(z;\nu,\xi_1,\xi_2) &= 1 \text{ , wenn } \nu=n, \ \xi_1\in[x,\infty[\text{ und } \xi_2\in[y,\infty[,\\
&= o \text{ , wenn } \nu\neq n \text{ oder } \xi_1\in[o,x[\text{ oder } \xi_2\in[o,y[,
\end{aligned}
$$

für $t\in\mathfrak{T}-\{o\}$, $z=(o,x,o)\in\mathfrak{Z}_\infty$ und $\xi_2\in\mathbb{R}_+\cup\{o\}$

$$
\begin{aligned}
\hat{p}_t(z;\nu,\xi_1,\xi_2) &= (1-\tau_x\phi_a(t)), \text{ wenn } \nu=o \text{ und } \xi_1\in[t+x,\infty[,\\
&= o \qquad , \text{ wenn } \nu\neq o \text{ oder } \xi_1\in[o,t+x[,
\end{aligned}
$$

für $t\in\mathfrak{T}-\{o\}$, $z=(n,x,y)\in\mathfrak{Z}_\infty$, $n\in\mathbb{N}$:

(i), wenn $\nu=o$, für $\xi_2\in\mathbb{R}_+\cup\{o\}$

$$\hat{p}_t(z;\nu,\xi_1,\xi_2) = (1-\tau_x\phi_a(t))(\tau_y\phi_b \overset{t}{\underset{o}{*}} \varphi^{*n-1}) + Q_t^2(z;\nu,t,t), \text{ wenn } \xi_1 \in [t+x,\infty[$$

$$= Q_t^2(z;\nu,t,t), \text{ wenn } \xi_1 \in [t,t+x[\quad (7$$

$$= Q_t^2(z,\nu,\xi_1,t), \text{ wenn } \xi_1 \in [o,t[$$

(ii) wenn $\nu \in \mathbb{N}$ und $\nu = n$

$$\hat{p}_t(z;\nu,\xi_1,\xi_2) = (1-\tau_x\phi_a(t))\cdot(1-\tau_y\phi_b(t)) + Q_t^1(z;\nu,t,t) + Q_t^2(z;\nu,t,t),$$

wenn $\xi_1 \in [t+x,\infty[$ und $\xi_2 \in [t+y,\infty[$,

$$= Q_t^1(z;\nu,t,t) + Q_t^2(z;\nu,t,t),$$

wenn $\xi_1 \in [t,\infty[$ und $\xi_2 \in [t,t+y[$ oder $\xi_1 \in [t,t+x[$ und $\xi_2 \in [t,\infty[$

$$= Q_t^1(z;\nu,\xi_1,t) + Q_t^2(z;\nu,\xi_1,t), \quad (7d)$$

wenn $\xi_1 \in [o,t[$ und $\xi_2 \in [t,\infty[$,

$$= Q_t^1(z;\nu,t,\xi_2) + Q_t^2(z;\nu,t,\xi_2),$$

wenn $\xi_1 \in [t,\infty[$ und $\xi_2 \in [o,t[$

$$= Q_t^1(z;\nu,\xi_1,\xi_2) + Q_t^2(z;\nu,\xi_1,\xi_2),$$

wenn $\xi_1 \in [o,t[$ und $\xi_2 \in [o,t[$

(iii) wenn $\nu \in \mathbb{N}$ und $\nu < n$

$$\hat{p}_t(z;\nu,\xi_1,\xi_2) = (1-\tau_x\phi_a(t))(\tau_y\phi_b \overset{t}{\underset{o}{*}} (\varphi_b^{*n-\nu-1} - \varphi_b^{*n-\nu})) + Q_t^1(z;\nu,t,t) + Q_t^2(z;\nu,t,t),$$

wenn $\xi_1 \in [t+x,\infty[$ und $\xi_2 \in [t,\infty[$,

$$= Q_t^1(z;\nu,t,t) + Q_t^2(z;\nu,t,t),$$

wenn $\xi_1 \in [t,t+x[$ und $\xi_2 \in [t,\infty[$

$$= Q_t^1(z;\nu,\xi_1,t) + Q_t^2(z;\nu,\xi_1,t), \quad (7e)$$

wenn $\xi_1 \in [o,t[$ und $\xi_2 \in [t,\infty[$

$$= (1-\tau_x\phi_a(t))\circ\int_o^{\xi_2} (\tau_y\varphi_b \overset{t-\zeta}{\underset{o}{*}} \varphi_b^{*n-\nu-1})(1-\phi_b(\zeta))\,d\zeta + Q_t^1(z;\nu,t,\xi_2) + Q_t^2(z;\nu,t,\xi_2),$$

wenn $\xi_1 \in [t+x,\infty[$ und $\xi_2 \in [o,t[$

$= Q_t^1(z;\nu,t,\xi_2)+Q_t^2(z;\nu,t,\xi_2)$

wenn $\xi_1 \in [t,t+x[$ und $\xi_2 \in [o,t[$

$= Q_t^1(z;\nu,\xi_1,\xi_2)+Q_t^2(z;\nu,\xi_1,\xi_2)$,

wenn $\xi_1 \in [o,t[$ und $\xi_2 \in [o,t[$.

(iv) wenn $\nu \in \mathbb{N}$ und $n<\nu$

$$\hat{p}_t(z;\nu,\xi_1,\xi_2) = (1-\tau_y\phi_b(t))(\tau_x\phi_a \overset{t}{\underset{o}{*}}(\varphi_a^{*\nu-n-1}-\varphi_a^{*\nu-n}))+Q_t^1(z;\nu,t,t)+Q_t^2(z;\nu;t,t)$$

wenn $\xi_1 \in [t,\infty[$ und $\xi_2 \in [t+y,\infty[$,

$= Q_t^1(z;\nu,t,t)+Q_t^2(z;\nu,t,t)$,

wenn $\xi_1 \in [t,\infty[$ und $\xi_2 \in [t,t+y[$,

$= Q_t^1(z;\nu,t,\xi_2)+Q_t^2(z;\nu,t,\xi_2)$,

wenn $\xi_1 \in [t,\infty[$ und $\xi_2 \in [o,t[$ (7f)

$$= (1-\tau_y\phi_b(t)\int_o^{\xi_1}(\tau_x\varphi_a \overset{t-\zeta}{\underset{o}{*}} \varphi_a^{*\nu-n-1})(1-\phi_a(\zeta))d\zeta+Q_t^1(z;\nu,\xi_1,t)+ Q_t^2(z;\nu,\xi_1,t),$$

wenn $\xi_1 \in [o,t[$ und $\xi_2 \in [t+y,\infty[$,

$= Q_t^1(z;\nu,\xi_1,t)+Q_t^2(z;\nu,\xi_1,t)$,

wenn $\xi_1 \in [o,t[$ und $\xi_2 \in [t,t+y[$,

$= Q_t^1(z;\nu,\xi_1,\xi_2)+Q_t^2(z;\nu,\xi_1,\xi_2)$,

wenn $\xi_1 \in [o,t[$ und $\xi_2 \in [o,t[$

Diese in die Formeln (7a-f) zusammengefaßten Aussagen folgen unmittelbar aus den Formeln (6a-d), wenn man $\hat{p}_t(z;\nu,\xi_1,\xi_2)$ in die in (6a) definierten Teilwahrscheinlichkeiten aufgespaltet und die ersten Relationen in (5) beachtet.

Diese Darstellungen zeigen aber auch, daß wir die Uebergangsfunktion

– von dem Spezialfall $z=(o,x,o)\in\mathfrak{Z}_\infty$ abgesehen – für $t\in\mathfrak{T}-\{o\}$ erst dann beherrschen, wenn wir die Größen $Q_t^1(z;\nu,\xi_1,\xi_2)$ und $Q_t^2(z;\nu,\xi_1,\xi_2)$ in ihren Eigenschaften kennen.

Bevor wir uns aber damit beschäftigen, wollen wir aus (7a-f) erste Darstellungen für $\hat{p}_\nu(t)$, $\phi_r(z;\zeta)$ und $\phi_{bp}(z;\zeta)$ ableiten. Es sei noch vermerkt, daß es bisher noch möglich ist, entsprechende Darstellungen mit Grundverteilungen $\phi_a,\phi_b\in\mathfrak{V}_o$ anzugeben, wobei jedoch weitere Fallunterscheidungen gemäß $t\in[o,\zeta_a-x[$, $t\in[o,\zeta_b-y[$, $t\in[\zeta_a-x,\infty[$, $t\in[\zeta_b-y,\infty[$ zu treffen und die in den Formeln auftretenden Integrale und Faltungen entsprechend zu erweitern sind.

Aus den Formeln der Folgerung 6, insbesondere (I; 26b,26c) erhalten wir:

<u>Folgerung 9:</u>

(i) Für $z=(n,x,y)\in\mathfrak{Z}_\infty$, $t=o$

$$\hat{p}_\nu^z(t) = 1, \text{ wenn } \nu=n$$
$$= o, \text{ wenn } \nu\neq n, \ \nu\in\mathbb{N}\cup\{o\} \qquad (8a)$$

(ii) Für $z=(o,x,o)\in\mathfrak{Z}_\infty$, $t\in\mathfrak{T}-\{o\}$

$$\hat{p}_\nu^z(t) = (1-\tau_x\phi_a(t)), \text{ wenn } \nu=o$$
$$= o \quad , \text{ wenn } \nu\in\mathbb{N}$$
$$\phi_r(z;\zeta)=\tau_x\phi_a(\zeta), \ \zeta\geq o \qquad (8b)$$
$$\phi_{bp}(z;\zeta)=1 \quad , \ \zeta\geq o$$

(iii) Für $z=(n,x,y)\in\mathfrak{Z}_\infty$, $n\in\mathbb{N}$, $t\in\mathfrak{T}-\{o\}$

$$\hat{p}_\nu^z(t)=(1-\tau_x\phi_a(t))(\tau_y\phi_b \overset{t}{\underset{o}{*}} \varphi^{*n-1})+Q_t^2(z;\nu,t,t),$$
wenn $\nu=o$,
$$=(1-\tau_x\phi_a(t))(\tau_y\phi_b \overset{t}{\underset{o}{*}}(\varphi_b^{*n-\nu-1}-\varphi_b^{*n-\nu}))+Q_t^1(z;\nu,t,t)+Q_t^2(z;\nu,t,t),$$
wenn $\nu\in\mathbb{N}$, $\nu<n$,
$$=(1-\tau_x\phi_a(t))(1-\tau_y\phi_b(t))+Q_t^1(z;\nu,t,t)+Q_t^2(z;\nu,t,t), \qquad (8c)$$
wenn $\nu\in\mathbb{N}$, $\nu=n$

467

$$= (1-\tau_y\phi_b(t))(\tau_x\phi_a \overset{t}{\underset{o}{*}}(\varphi_a^{*\,\nu-n-1}-\varphi_a^{*\nu-n}))+Q_t^1(z;\nu,t,t)+Q_t^2(z;\nu,t,t),$$

wenn $\nu\in\mathbb{N}$, $\nu>n$

$$\phi_r(z,\zeta) = \tau_x\phi_a(\zeta)\tau_y\phi_b(\zeta)-\sum_{\nu=1}^{\infty} Q_\zeta^1(z;\nu,\zeta,\zeta)-\sum_{\nu=o}^{\infty} Q_\zeta^2(z;\nu,\zeta,\zeta), \quad \zeta>o$$

$$= o \qquad , \zeta\leq o$$

Lassen wir nun noch die Forderung über die Existenz stetiger Dichten für ϕ_a, $\phi_b\in\mathfrak{B}_1$ wirksam werden, so gewinnen wir über die auch für ϕ_a, $\phi_b\in\mathfrak{B}_o$ gültige Aussage

$$\lim_{t\downarrow o} \hat{p}_t(z;\nu,\xi_1,\xi_2) = \hat{p}_o(z;\nu,\xi_1,\xi_2)$$

hinaus die

<u>Folgerung 10:</u>

(i) für $t\downarrow o$, $z = (o,x,o)\in\mathcal{Z}_\infty$

$$\hat{p}_t(z;\nu,\xi_1,\xi_2) = 1-\tau_x\varphi_a(o)\cdot t+o(t), \text{ wenn } \nu=o,\ \xi_1\in[t+x,\infty[$$

$$= o \qquad , \text{ wenn } \nu\neq o \text{ oder } \xi_1\in[o,t+x[$$

(ii) für $t\downarrow o$, $z = (n,x,y)\in\mathcal{Z}_\infty$, $n\in\mathbb{N}$, $\nu=o$

$$\hat{p}_t(z;\nu,\xi_1,\xi_2) = \tau_y\varphi_b(o)\cdot t+o(t) \quad , \text{ wenn } n=1,\ \xi_1\in[t+x,\infty[$$

$$= o(t) \qquad , \text{ wenn } n>1 \text{ oder } \xi_1\in[o,t+x[$$

(iii) für $t\downarrow o$, $z = (n,x,y)\in\mathcal{Z}_\infty$, $n\in\mathbb{N}$,

$$\hat{p}_t(z;\nu,\xi_1,\xi_2)= \tau_y\varphi_b(o)\cdot t+o(t) \quad , \text{ wenn } \nu=n-1,\ \xi_1\in[t+x;\infty[$$

$$= 1-(\tau_x\varphi_a(o)+\tau_y\varphi_b(o))t+o(t), \text{ wenn } \nu=n,\ \xi_1\in[t+x,\infty[,\ \xi_2\in[t+y,\infty[$$

$$= \tau_x\varphi_a(o)\cdot t+o(t) \quad , \text{ wenn } \nu=n+1,\ \xi_2\in[t+y,\infty[$$

$$= o(t) \qquad , \text{ sonst}$$

Zum Beweis wende man den Mittelwertsatz der Integralrechnung auf (7b-f) an unter Verwendung der in (6d) gegebenen Abschätzungen für die noch nicht analytisch-formelmäßig bestimmten Wahrscheinlichkeiten.

Satz 7a:

Sind $z = (n,x,y) \in \mathfrak{Z}_\infty$ mit $n \in \mathbb{N}$ beliebig, doch fest gewählt und $D := \{(\xi,\eta) \in R^2;\ o \leq \xi \leq \eta\}$ gesetzt, so gibt es unter der Voraussetzung $\phi_a,\ \phi_b \in \mathfrak{B}_1$ zwei Familien $\{u_\nu^1(z;\cdot),\ \nu \in \mathbb{N}\}$ und $\{u_\nu^2(z;\cdot);\nu \in \mathbb{N}\}$ nicht-negativer Funktionen der Klasse $L_1(D)$ mit den Eigenschaften:

$$Q_t^1(z;\nu,\xi_1,\xi_2) = \int_o^{\min(\xi_1,\xi_2)} (1-\phi_a(\zeta_1)) \int_{\zeta_1}^{\xi_2} (1-\phi_b(\zeta_2)) u_\nu^1(z;\zeta_2-\zeta_1,t-\zeta_1)\,d\zeta_2\,d\zeta_1$$

für $\xi_1,\xi_2 \in]o,t]$ und $\nu \in \mathbb{N}$,

$$Q_t^2(z;\nu,\xi_1,\xi_2) = \int_o^{\xi_1} (1-\phi_a(\zeta_1)) \int_o^{\zeta_1} \phi_b(\zeta_2) u_1^2(z;\zeta_1-\zeta_2,t-\zeta_2)\,d\zeta_2\,d\zeta_1 \qquad (9a)$$

für $\xi_1,\xi_2 \in]o,t]$ und $\nu = o$,

$$Q_t^2(z;\nu,\xi_1,\xi_2) = \int_o^{\min(\xi_1,\xi_2)} (1-\phi_b(\zeta_2)) \int_{\zeta_2}^{\xi_1} (1-\phi_a(\zeta_1)) u_\nu^2(z;\zeta_1-\zeta_2,t-\zeta_2)\,d\zeta_2\,d\zeta_1$$

für $\xi_1,\xi_2 \in]o,t]$ und $\nu \in \mathbb{N}$,

$$u_\nu^1(z;\xi,\eta) = o, \quad \text{wenn } \nu=1$$

$$= \int_o^{\xi} \varphi_a(\zeta) u_{\nu-1}^1(z;\xi-\zeta,\eta-\zeta)\,d\zeta + \int_{\xi}^{\eta} \varphi_a(\zeta) u_{\nu-1}^2(z;\zeta-\xi,\eta-\xi)\,d\zeta \qquad (9b)$$

$$+ \tau_x \varphi_a(\eta) q_y(n-\nu;\eta-\xi), \quad \text{wenn } \nu \in N-\{1\}$$

und

$$u_\nu^2(z;\xi,\eta) = \int_o^{\xi} \varphi_b(\zeta) u_{\nu+1}^2(z;\xi-\zeta,\eta-\zeta)\,d\zeta + \int_{\xi}^{\eta} \varphi_b(\zeta) u_{\nu+1}^1(z;\zeta-\xi,\eta-\xi)\,d\zeta$$

$$+ \tau_y \varphi_b(\eta) q_x(\nu-n;\eta-\xi), \quad \text{wenn } \nu \in N \qquad (9c)$$

bezüglich des Lebesguemaßes fast überall in D.

abei sind gesetzt:

$$x^{(\nu-n;\zeta)} := \tau_x\varphi_a \overset{\zeta}{\underset{o}{*}} \varphi_a^{*\nu-n}, \quad \text{wenn } \nu\in\mathbb{N} \text{ und } n\leq\nu,\ \zeta\geq o$$

$$:= o \quad , \text{wenn } \nu\in\mathbb{N} \text{ und } n>\nu,\ \zeta\geq o \text{ sowie} \tag{9d}$$

$$y^{(n-\nu;\zeta)} := \tau_y\varphi_b \overset{\zeta}{\underset{o}{*}} \varphi_b^{*n-\nu}, \quad \text{wenn } \nu\in\mathbb{N}-\{1\} \text{ und } \nu\leq n,\ \zeta\geq o,$$

$$:= o \quad , \text{wenn } \nu\in\mathbb{N}-\{1\} \text{ und } n<\nu.$$

eweis: Da für jedes beliebige, doch feste $t\in\mathfrak{T}-\{o\}$, jedes $z = (n,x,y)\in\mathfrak{Z}_\infty$ it $n\in\mathbb{N}$, jede Lebesgue-meßbare Menge $B^{(1)}\in[o,t]$ und jede Lebesgue-meßbare enge $B^{(2)}\in[o,t]x[o,t]$ die Ereignisse

$\{n_t=\nu, (a_t, b_t)\in B^{(2)}, a_t\leq b_t, {}^o b_1^r>t\}$ und $\{n_t=\nu, (a_t, b_t)\in B^{(2)}, a_t>b_t, {}^o b_1^r>t\}$

ir $\nu\in\mathbb{N}$ das Ereignis $\{\exists K_1, K_2\in\mathbb{N}; (t+a^o-\sum_{i=1}^{K_1} b_i^a,\ t+b^o-\sum_{i=1}^{K_2} b_i^b)\in B^{(2)}\}$

nd $\{n_t=o, a_t\in B^{(1)}, b_t=o, {}^o b_1^r>t\}$ das Ereignis $\{\exists k\in\mathbb{N};\ t+a^o-\sum_{i=1}^{k} b_i^a\in B^{(1)}\}$

mplizieren, die Verteilungen Φ_a, $\Phi_b\in\mathfrak{B}_1$ der Variablen b_i^a und b_i^b Dichten esitzen - deren Stetigkeit wir hier nicht benötigen - gilt für jede ebesgue-Nullmenge $B^{(2)}\subset[o,t]x[o,t]$ und $B^{(1)}\subset[o,t]$

$$P^z(n_t=\nu, (a_t,b_t)\in B^{(2)},\ a_t\leq b_t, {}^o b_1^r>t) = P^z(n_t=\nu, (a_t,b_t)\in B^{(2)}, a_t>b_t\ {}^o b_1^r>t) =$$
$$P^z(n_t=o,\ a_t\in B^{(1)}, b_t=o, {}^o b_1^r>t) = o.$$

,so sind die durch $Q_t^1(z;\nu,\cdot)$ und $Q_t^2(z;\nu,\cdot)$ $(\nu\in N)$ auf $[o,t]x[o,t]$ und ırch $Q_t^2(z;o,\cdot)$ auf $[o,t]$ erzeugten Maße absolut stetig bezüglich der entsprechenden Lebesguemaße und besitzen, da die Lebesguemaße σ-endlich sind, ach dem Satz von Radon-Nikodym Dichten, die wir mit

$q_t^2(z;\nu,\xi)$, $\nu=o$, $0\leq\xi\leq t$

$q_t^2(z;\nu,\xi_1,\xi_2)$, $\nu\in\mathbb{N}$; $0\leq\xi_1,\xi_2\leq t$

$q_t(z,\nu,\xi_1,\xi_2)$, $\nu\in\mathbb{N}$; $0\leq\xi_1,\xi_2\leq t$

bei korrespondierender Indizierung - bezeichnen wollen.

ıs den in (6d) enthaltenen Aussagen über $Q_t^1(z;\nu,\cdot)$ und $Q_t^2(z;\nu,\cdot)$ lesen r sofort ab:

$W_t^1(z;\nu,\xi_1,\xi_2) = 0$ für $\nu=1$ und $0\leq\xi_1,\xi_2\leq t$

$W_t^1(z;\nu,\xi_1,\xi_2) = 0$ für $\nu\in\mathbb{N}-\{1\}$ und $0\leq\xi_2<\xi_1\leq t$, sowie

$W_t^2(z;\nu,\xi_1,\xi_2) = 0$ für $\nu\in\mathbb{N}$ und $0\leq\xi_1<\xi_2\leq t$.

Schreibt man für die Mengen B, die wir auf die besonderen Formen

$\{\nu\}\times]\xi_1+s,\xi_1'+s]$, mit $\nu=0$, $0<\xi_1<\xi_1'<t$, $s\in\mathbb{R}_+$, sowie

$\{\nu\}\times]\xi_1+s,\xi_1'+s]\times]\xi_2+s,\xi_2'+s]$, mit $\nu\in\mathbb{N}$ und entweder

$0<\xi_1<\xi_1'\leq\xi_2\leq\xi_2'<t$ oder $0<\xi_2<\xi_2'\leq\xi_1<\xi_1'<t$, $s\in\mathbb{R}_+$

spezialisieren, die für die Uebergangsfunktion des Markoffschen Prozesses $(\hat{\mathfrak{z}}_t)_{t\in\mathfrak{T}}$ geltende Halbgruppenbeziehung

$$\hat{p}_{t+s}(z^o;B) = \int_{\mathfrak{Z}_\infty} \hat{p}_t(z^o;dz)\hat{p}_s(z;B) \tag{9e}$$

unter Verwendung der Darstellungen (7c-f) – wobei wir bereits die Dichten $W_t^1(z;\nu,\cdot)$ und $W_t^2(z;\nu,\cdot)$ mit einbeziehen – und der Aussage von Folgerung 10 für beliebig kleine, positive Werte von s ausführlich hin, so ergibt sich in einfacher Weise folgende Aussage:

Für jede Wahl von $z^o\in\mathfrak{Z}_\infty$, $t\in\mathfrak{T}-\{o\}$ gelten:

(i) für fast alle $\xi\in[o,t]$ (bezüglich des Lebesguemaßes in $\mathbb{R}$)

$$\lim_{s\to o}\frac{1}{s}(W_{t+s}^2(z^o;o,\xi+s)-W_t^2(z^o;o,\xi))$$
$$= -\tau_\xi\varphi_a(o)W_t^2(z^o,o,\xi)+\int_o^\xi\tau_\zeta\varphi_b(o)W_t^2(z^o,1,\xi,\zeta)d\zeta$$

(ii) für fast alle $(\xi_1,\xi_2)\in[o,t]\times[o,t]$ mit $o\leq\xi_2\leq\xi_1\leq t$ (bezüglich des Lebesguemaßes in $\mathbb{R}^2$) und alle $\nu\in\mathbb{N}$

$$\lim_{s\to o}\frac{1}{s}(W_{t+s}^2(z^o;\nu,\xi_1+s,\xi_2+s)-W_t^2(z^o;\nu,\xi_1,\xi_2)$$
$$= (-\tau_{\xi_1}\varphi_a(o)-\tau_{\xi_2}\varphi_b(o))W_t^2(z^o;\nu,\xi_1,\xi_2),\text{ sowie}$$

(iii) für fast alle $(\xi_1,\xi_2)\in[o,t]\times[o,t]$ mit $o\leq\xi_1\leq\xi_2\leq t$ (bezüglich des Lebesguemaßes in $\mathbb{R}^2$) und alle $\nu\in\mathbb{N}-\{1\}$

$$\lim_{s\to o} \frac{1}{s} (W^1_{t+s}(z^o,\nu,\xi_1+s,\xi_2+s)-W^1_t(z^o;\nu,\xi_1,\xi_2))$$

$$= (-\tau_{\xi_1}\varphi_a(o)-\tau_{\xi_2}\varphi_b(o))W^1_t(z^o;\nu,\xi_1,\xi_2).$$

Zu jedem Punkt (ξ_1,ξ_2,t) gibt es aber

(i), wenn $o\leq\xi_1\leq\xi_2\leq t$, genau einen Punkt $(o,\tilde{\xi}_2,\tilde{t})$ mit $o\leq\tilde{\xi}_2\leq\tilde{t}$, so daß sowohl (ξ_1,ξ_2,t) als auch $(\xi_1+s,\xi_2+s,t+s)$ für jedes $s\in\mathbb{R}$, auf der durch $(o,\tilde{\xi}_2,\tilde{t})$ gehenden Geraden G_1, gegeben durch die Parameterdarstellung

$\{\xi_1,\xi_2(\xi_1) := \tilde{\xi}_2+\xi_1, t(\xi_1) := \tilde{t}+\xi_1;\xi_1\geq o\}$,

liegen – man setze $\tilde{\xi}_2 := \xi_2-\xi_1$, $\tilde{t} := t-\xi_1$ – ,und

(ii), wenn $o\leq\xi_2\leq\xi_1\leq t$, genau einen Punkt $(\tilde{\xi}_1,o,\tilde{t})$mit $o\leq\tilde{\xi}_1\leq\tilde{t}$, so daß sowohl (ξ_1,ξ_2,t) als auch $(\xi_1+s,\xi_2+s,t+s)$ für jedes $s\in\mathbb{R}$ auf der durch $(\tilde{\xi}_1 o,\tilde{t})$ gehenden Geraden G_2, gegeben durch $\{\xi_1(\xi_2) := \tilde{\xi}_1+\xi_2,\xi_2,t(\xi_2) := \tilde{t}+\xi_2\geq o\}$ liegen – man setze $\tilde{\xi}_1 := \xi_1-\xi_2$, $\tilde{t} := t-\xi_2$ –,

wobei man andererseits auch alle Punkte (ξ_1,ξ_2,t) mit $o\leq\xi_1,\xi_2\leq t$ von den Tripeln $(o,\tilde{\xi}_2,\tilde{t})$, $o\leq\tilde{\xi}_2\leq\tilde{t}$, bzw. $(\tilde{\xi}_1,o,\tilde{t})$, $o\leq\tilde{\xi}_1\leq\tilde{t}$ auf den genannten Geraden erreicht.

Setzen wir nun

$\tilde{w}^2(z^o;\nu,\tilde{\xi}_1,\tilde{t},\xi_2) := W^2_{\tilde{t}+\xi_2}(z^o,\nu,\tilde{\xi}_1+\xi_2,\xi_2)$ für $\nu\in\mathbb{N}$, $\xi_2\in\mathbb{R}_+\cup\{o\}$

$\tilde{w}^1(z^o;\nu;\tilde{\xi}_2,\tilde{t},\xi_1) := W^1_{\tilde{t}+\xi_1}(z^o,\nu,\xi_1,\tilde{\xi}_2+\xi_1)$ für $\nu\in\mathbb{N}-\{1\},\xi_1\in\mathbb{R}_+\cup\{o\}$

so folgt aus der oben stehenden Aussage:

Für fast alle $(\tilde{\xi}_1,\tilde{t})$ mit $o\leq\tilde{\xi}_1\leq\tilde{t}$ gilt für fast alle $\xi_2\in\mathbb{R}_+\cup\{o\}$ und alle $\nu\in\mathbb{N}$:

$$\lim_{s\to o} \frac{1}{s} (\tilde{w}^2(z^o;\nu,\tilde{\xi}_1,\tilde{t},\xi_2+s)-\tilde{w}^2(z^o;\nu,\tilde{\xi}_1,\tilde{t},\xi_2))$$

$$= (-\tau_{\tilde{\xi}_1+\xi_2}\varphi_a(o)-\tau_{\xi_2}\varphi_b(o))\tilde{w}^2(z^o;\nu,\tilde{\xi}_1,\tilde{t},\xi_2) \text{ sowie}$$

für fast alle $(\tilde{\xi}_2,\tilde{t})$ mit $o\leq\tilde{\xi}_2\leq\tilde{t}$ gilt für fast alle $\xi_1\in\mathbb{R}_+\cup\{o\}$

und alle $\nu\in\mathbb{N}-\{1\}$

$$\lim_{s\to o} \frac{1}{s}(\tilde{w}^1(z^o,\nu,\tilde{\xi}_2,\tilde{t},\xi_1+s)-\tilde{w}^1(z^o,\nu,\tilde{\xi}_2,\tilde{t},\xi_1))$$

$$= (-\tau_{\xi_1},\varphi_a(o)-\tau_{\tilde{\xi}_2+\xi_1}\varphi_b(o))\tilde{w}^1(z^o,\nu,\xi_2,t,\xi_1).$$

Da aber für $\phi\in\mathfrak{B}_1$ $\frac{d}{d\zeta}\log(1-\phi(\zeta)) = \frac{-\varphi(\zeta)}{1-\phi(\zeta)} = -\tau_\zeta\varphi(o)$ gilt, ergeben sich zwangsläufig (fast überall) die Darstellungen

$$\begin{aligned} W_t^2(z^o,\nu,\xi_1,\xi_2) &= (1-\phi_a(\xi_1))(1-\phi_b(\xi_2))u_\nu^2(z^o;\xi_1-\xi_2,t-\xi_2) \\ W_t^1(z^o,\nu,\xi_1,\xi_2) &= (1-\phi_a(\xi_1))(1-\phi(\xi_2))u_\nu^1(z^o;\xi_2-\xi_1,t-\xi_1) \end{aligned} \tag{9f}$$

wobei $u_\nu^2(z^o;\nu,\xi,\eta)$ und $u_\nu^1(z^o;\nu,\xi,\eta)$ zunächst noch beliebige, nicht näher bestimmte, jedoch auf Grund der Darstellungen (9f) nichtnegative, meßbare (Lebesgue-integrierbare) Funktionen über D beschreiben.

Verfährt man analog mit der Beziehung für $W_t^2(z^o,o,\xi)$ so erhält man als notwendige Darstellung:

$$W_t^2(z^o,o,\xi) = (1-\phi_a(\xi))\int_o^\xi \phi_b(\zeta)u_1^2(z^o;\xi-\zeta,t-\zeta)d\zeta+u_o^2(z^o;t-\xi), \tag{9g}$$

wobei $u_o^2(z^o,\xi)$ eine noch "freie" Funktion bedeutet.

Betrachtet man nun aber noch einmal (9e), die Halbgruppenrelation, wenn B eine der folgenden Mengen darstellt.

$\{o\}x]o,s]$, bzw. $\{\nu\}x]o,s]x]\xi_2+s,\xi_2'+s]$ bzw. $\{\nu\}x]\xi_1+s,\xi_1'+s]x]o,s]$

mit $o\leq\xi_2<\xi_2'<t$ resp. $o\leq\xi_1<\xi_1'<t$, so erhalten wir über (7c-f) und Folgerung 10 zusammen mit (9f) und (9g) Bedingungen für die Funktionen u_o^2, u_ν^2, $\nu\in\mathbb{N}$ und u_ν^1, $\nu\in\mathbb{N}-\{1\}$.

Diese Bedingungen lauten einerseits

$u_o^2(z^o;\xi) = o$ für (fast) alle $\xi\in\mathbb{R}_+\cup\{o\}$

und stimmen andererseits mit (9b) und (9c) überein, wenn man zusätzlich $u_1^1(z^o,\xi,\eta) = o$ für alle $o\leq\xi\leq\eta$ einführt.
Damit ist Satz 7a bewiesen.

Seine Aussage gilt auch, wenn ϕ_a und ϕ_b Dichten besitzen, die zur Klasse $L_1(R_+)$ gehören dürfen. Man hat dann die Folgerung 10 neu zu beweisen und erhält eine analoge Aussage mit dem Zusatz "fast überall".
Diese reicht dann ebenfalls zu Satz 7a aus. Weiterhin dürfen ζ_a und ζ_b endlich sein. Die Aussage von Satz 7a muß dann aber unter Berücksichtigung dieser Beschränkungen neu formuliert werden und liefert insbesondere ein bezüglich des Gültigkeitsbereiches kompliziertes Integralgleichungssystem für die Funktion u_ν^1, u_ν^2.

Die in Satz 7a fixierte Methode scheitert jedoch, wenn ϕ_a oder ϕ_b keine Dichten mehr besitzen. In diesem Fall muß entweder eine neue Diskussion der Halbgruppe der Uebergangsfunktion angesetzt werden – die tiefer in die Funktionalanalysis reicht – oder es müssen die Q_t^1, Q_t^2 direkt berechnet werden, was prinzipiell unter Verwendung der im ersten Kapitel gegebenen Konstruktionen möglich ist, aber in der Darstellung zu unendlichen Reihen führt, wobei mit dem Summationsindex des einzelnen Reihengliedes auch die Anzahl der zu seiner Darstellung benötigten interierten Integrationen wächst.

Aus den hier geschilderten Gründen wollen wir daher unsere Analyse weiter unter der Bedingung $\phi_a,\phi_b\in\mathfrak{B}_1$ fortführen.

Es gilt

<u>Satz 8a:</u>

(i) Für alle $z = (n,x,y)\in\mathfrak{Z}_\infty$ mit $n\in\mathbb{N}$ sind für fast alle (ξ,η) mit $o\leq\xi\leq\eta$ die Reihen $\sum_{\nu=1}^{\infty} u_\nu^1(z;\xi,\eta)$ und $\sum_{\nu=1}^{\infty} u_\nu^2(z;\xi,\eta)$ konvergent.

(ii) In Bezug auf Lösungssysteme, deren Elemente der Klasse $L_1(D)$ angehören und für die (i) dieses Satzes erfüllt ist, sind (9b-c) und das folgende Integralgleichungssystem äquivalent:

$$
\begin{aligned}
u_\nu^1(z;\xi,\eta) &= o \\
&\quad \text{wenn } \nu=1, \\
&= \int_o^\xi \varphi_a(\zeta)u_{\nu-1}^1(z;\xi-\zeta,\eta-\zeta)d\zeta \\
&\quad + \int_\xi^\eta \varphi_a(\zeta_1) \int_{\zeta_1}^\eta \sum_{k=\nu}^\infty u_k^1(z;\zeta_2-\zeta_1,\eta-\zeta_1) \int_o^{\zeta_1-\xi} \varphi_b^{*k-\nu}(\zeta_3)\varphi_b(\zeta_2-\xi-\zeta_3)d\zeta_3 d\zeta_2 d\zeta_1 \\
&\quad + \int_\xi^\eta \varphi_a(\zeta_1) \sum_{k=\nu}^\infty q_x(k-n-1;\eta-\zeta_1) \int_o^{\zeta_1-\xi} \varphi_b^{*k-\nu}(\zeta_2)\tau_y\varphi_b(\eta-\xi-\zeta_2)d\zeta_2 d\zeta_1 \qquad (10a) \\
&\quad + \tau_x\varphi_a(\eta)q_y(n-\nu;\eta-\xi), \\
&\quad \text{wenn } \nu\in\mathbb{N}-\{1\}
\end{aligned}
$$

sowie für $\nu\in\mathbb{N}$:

$$
\begin{aligned}
u_\nu^2(z;\xi,\eta) &= \int_\xi^\eta \sum_{k=\nu+1}^\infty u_k^1(z;\zeta_1-\xi,\eta-\xi) \int_o^\xi \varphi_b^{*k-\nu-1}(\zeta_2)\varphi_b(\zeta_1-\zeta_2)d\zeta_2 d\zeta_1 \\
&\quad + \sum_{k=\nu+1}^\infty q_x(k-n-1;\eta-\xi) \int_o^\xi \varphi_b^{*k-\nu-1}(\zeta)\tau_y\varphi_b(\eta-\zeta)d\zeta. \qquad (10b)
\end{aligned}
$$

(iii) Das System (10a) besitzt genau ein Lösungssystem mit Elementen der Klasse $L_1(D)$ derart, daß auch die Reihe über die Absolutbeträge dieser Lösungselemente fast überall in D konvergiert. Diese Lösungselemente besitzen über D einen nichtnegativen Wertebereich. Damit konvergiert auch die Reihe der mit Hilfe der Lösungselemente durch (10b) dargestellten nichtnegativen Funktionen fast überall.

(iv) Die Voraussetzung $\phi_a,\phi_b\in\mathfrak{B}_1$ hat zur Folge, daß die Lösungselemente von (10a) und die durch sie in (10b) dargestellten Funktionen in D stetig sind. Die Lösungselemente von (10a) sind die Grenzwerte der monoton und über Kompakta gleichmäßig konvergierenden Iterationsfolge der

Inhomogenitäten. Außerdem konvergieren die Reihen der Lösungselemente von (10a) und der durch sie in (10b) dargestellten Funktionen monoton gegen stetige Grenzfunktionen, so daß die Konvergenz dieser Reihen ebenfalls gleichmäßig auf jedem Kompaktum erfolgt.

Beweis:

(i) folgt aus dem Levischen Satz der monotonen Konvergenz [Hewitt, Stromberg, 1969] in dem (9a) und die Konvergenz von $\sum_{\nu=1}^{\infty} Q_t^2(z;\nu;\cdot)$ benutzt wird.

(ii) Unter Benutzung von (i) wird durch Einsetzen (9c) zu (10b) umformuliert und dann (10b) in (9a) eingesetzt, wobei die in (i) formulierten Eigenschaften auch eine Rückrechnung wieder erlauben.

(iii) Man betrachtet den linearen Raum aller Funktionenfolgen $\{u_\nu^1;\nu\in\mathbb{N}\}$, deren Glieder u_ν^1 über D integrierbar sind, wobei die Reihe über die Absolutbeträge der u_ν^1 fast überall in D konvergiert. Setzt man nun für beliebiges, doch festes $\eta'\in\mathbb{R}_+\cup\{o\}$

$$\|\{u_\nu^1;\nu\in N\}\|_{\eta'} := \operatorname*{ess\,sup}_{o\leq\xi\leq\eta\leq\eta'} \sum_{\nu=1}^{\infty} | u_\nu^1(\xi,\eta)|,$$

so wird hierdurch eine Norm auf dem vorgezeichneten linearen Raum beschrieben, der in der aus dieser Norm fließenden Metrik vollständig ist. Da die Inhomogenitäten von (10a) diesem Raum angehören – was man geradewegs ausrechnet – und nichtnegative Werte über D annehmen, der (10a) beschreibende lineare Operator aber in der vorgegebenen Norm durch $\phi_a(\eta')$ abgeschätzt werden kann, und $\phi_a\in\mathfrak{B}_1$ insbesondere $\phi_a(\eta')<1$ zur Folge hat, liefert der Banachsche Fixpunktsatz Existenz und Eindeutigkeit sowie Nichtnegativität des Lösungssystems von (10a) auf jedem durch $o\leq\xi\leq\eta\leq\eta'$ beschriebenen Teilgebiet $D_{\eta'}$ von D. Die besondere Gestalt von (10a) (Aehnlichkeit zu Volterraschen Integralgleichungen) liefert aber, daß für $\eta_1'\leq\eta_2'$ die Einschränkung auf D_{η_1} der auf D_{η_2} gefundenen Lösungen notwendig mit den auf D_{η_1} durch den Satz erhaltenen Lösungen übereinstimmen und wir so durch ein Fortsetzungsverfahren eine eindeutige, nichtnegative Lösung auf D erhalten.

Besitzt ϕ_a zwar eine Dichte, ist jedoch $\zeta_a<\infty$ so ist diese Aussage nur für $\eta'<\zeta_a$ zu retten. In diesem Fall sind, was wir aber nicht ausgeführt haben, die Funktionen u_ν^1 nur für $o\leq\xi\leq\eta<\zeta_a$ überhaupt interessant, so daß die Forderung $\zeta_a = \infty$ auch zum Beweis dieses Satzes nicht notwendig ist.

(iv) Sind $\phi_a, \phi_b \in \mathfrak{B}_1$, so liegen die Inhomogenitäten von (1oa) sogar in dem Raum der auf D stetigen Funktionenfolgen, für die auf jedem D_η, die Reihe über die Beträge dieser Funktionen monoton gegen eine auf D stetige Funktion konvergiert, so daß nach dem Dinischen Satz diese Konvergenz auch auf jedem Kompaktum gleichmäßig ist. Bei Verwendung der gleichen Norm, wie wir sie für (iii) einführten, (wobei man vom wesentlichen Supremum zum Supremum schlechthin übergehen darf) zeigt sich, daß dieser neue Raum in dem für (iii) betrachteten als abgeschlossener Unterraum enthalten ist. Dann ist aber (iv) bewiesen, wenn man den Dinischen Satz auch noch einmal auf die Interationsfolge der Inhomogenitäten anwendet.

Folgerung 11:

(i) Durch (9a-c), (7c-f) und Folgerung 9 sind die Uebergangsfunktion des Prozesses $(\hat{\mathfrak{z}}_t)_{t\in\mathfrak{T}}$, die Wahrscheinlichkeiten $\hat{p}_\nu^z(t)$ und die Verteilungsfunktionen ϕ_r und ϕ_{bp} vollständig analytisch charakterisiert.

(ii) Insbesondere folgt aus $\phi_a, \phi_b \in \mathfrak{B}_1$ die Existenz von stetigen Dichten für ϕ_r und ϕ_{bp} und den Darstellungen

$$\varphi_r(z;\zeta) = \tau_x\varphi_a(\zeta)(\tau_y\phi_b \overset{\zeta}{\underset{o}{*}} \varphi_b^{*n-1}) + \int_o^\zeta \varphi_a(\xi_1)\int_o^{\xi_1} \phi_b(\xi_2)u_1^2(z;\xi_1-\xi_2,\zeta-\xi_2)d\xi_2 d\xi_1 \quad \text{und}$$

$$\varphi_{bp}(z;\zeta) = (1-\tau_x\phi_a(\zeta))(\tau_y\varphi_b \overset{\zeta}{\underset{o}{*}} \varphi_b^{*n-1}) + \int_o^\zeta (1-\phi_a(\xi_1))\int_o^{\xi_1} \varphi_b(\xi_2)u_1^2(z;\xi_1-\xi_2,\zeta-\xi_2)d\xi_2 d\xi_1 \tag{1oc}$$

wenn $\zeta\geq o$ und $z=(n,x,y)\in\mathfrak{Z}_\infty$ mit $n\in\mathbb{N}$.

Beweis:

(i) Da das System (9a-c) genau eine Lösung in dem zulässigen Bereich besitzt (Satz 8a) bringt (7a) die Behauptung.

(ii) Aus Satz 8a folgt über die Darstellungen (Folgerung 9 und Satz 7a) der $\hat{p}_\nu^z(t)$, daß

$\sum_{\nu=1}^{\infty} \hat{p}_\nu^z(t)$ auf jedem kompakten t-Bereich gleichmäßig konvergiert, daß jedes $\hat{p}_\nu^z(t)$ über $\mathfrak{T}$ stetig differenzierbar ist. Es erlaubt nämlich die Darstellungen der $Q_t^1(z;\nu,t,t)$ und $Q_t^2(z;\nu,t,t)$ die Abwälzung der Differentiation auf die stetig differenzierbaren Funktionen ϕ_a und ϕ_b. Die gleichmäßige Konvergenz der Reihen $\sum_{\nu=1}^{\infty} u_\nu^1$ und $\sum_{\nu=1}^{\infty} u_\nu^2$ zeigt, daß die Reihe $\sum_{\nu=1}^{\infty} \frac{d}{dt} \hat{p}_\nu^z(t)$ gleichmäßig konvergiert, so daß wir die Dichten von ϕ_r und ϕ_{bp} zu

$$\varphi_r(z;\zeta) = -\frac{d}{d\zeta} \sum_{\nu=0}^{\infty} \hat{p}_\nu^z(\zeta) = -\sum_{\nu=0}^{\infty} \frac{d}{d\zeta} \hat{p}_\nu^z(\zeta)$$

$$\varphi_{bp}(z;\zeta) = -\frac{d}{d\zeta} \sum_{\nu=1}^{\infty} \hat{p}_\nu^z(\zeta) = -\sum_{\nu=1}^{\infty} \frac{d}{d\zeta} \hat{p}_\nu^z(\zeta)$$

erhalten. Führt man diese Differentiation an den Darstellungen der $\hat{p}_\nu^z(t)$ aus, so erhält man durch einfache Rechnungen die Behauptung (man verwende wieder (9b-c)).

Die Frage aber, ob $\lim_{\zeta\to\infty} \phi_r(z;\zeta) = \lim_{\zeta\to\infty} \phi_{bp}(z;\zeta) = 1$ gelten, ist noch nicht beantwortet.

Da beide monotone und beschränkte Funktionen sind - was von ihrer Definition her selbstverständlich ist und auch aus (1oc) in Zusammenhang mit Satz 8a folgt - kann diese Frage durch Untersuchen der Grenzwerte:

$$\lim_{\check{s}\downarrow 0} \check{s} \int_0^{\infty} e^{-\check{s}\zeta} \phi_r(z;\zeta)d\zeta \quad \text{und} \quad \lim_{\check{s}\downarrow 0} \check{s} \int_0^{\infty} e^{-\check{s}\zeta} \phi_{bp}(z;\zeta)d\zeta$$

eventuell beantworten werden.

Die Darstellungen von ϕ_r und ϕ_b durch $\hat{p}_\nu^z$ und deren Darstellungen mit Hilfe der u_ν^1 und u_ν^2 zwingen uns, Existenz und Eigenschaften der Laplacetransformierten

$$\check{u}_\nu^i(z;\xi,\check{s}) := \int_\xi^\infty e^{-\check{s}\eta} u_\nu^i(z;\xi,\eta) \text{ für } \check{s} \geq o,\ \xi \in \mathbb{R}_+ \cup \{o\},\ i=1,2,\ \nu \in \mathbb{N}$$

und (11)

$$\check{u}^i(z;\xi,\check{s}) := \int_\xi^\infty e^{-\check{s}\eta} \sum_{\nu=1}^\infty u_\nu^i(z;\xi,\eta) \text{ für } \check{s} \geq o,\ \xi \in \mathbb{R}_+ \cup \{o\},\ i=1,2$$

eingehend zu untersuchen.

Dabei werden unsere Schlüsse einfacher, wenn wir die Klasse der zulässigen Verteilungsfunktionen einengen zu:

$$\mathfrak{B}_2 := \{\phi \in \mathfrak{B}_1;\ \int_o^\infty \zeta \varphi(\zeta)\, d\zeta < \infty\}$$

Unter der Annahme $\phi_a, \phi_b \in \mathfrak{B}_2$ wird auf (10a) formal die (reellwertige) Laplacetransformation angewendet:

$$\check{u}_\nu^1(z;\xi,\check{s}) = o,$$

wenn $\nu=1$

$$= \int_o^\xi \varphi_a(\zeta) e^{-\check{s}\zeta} \check{u}_{\nu-1}^1(z;\xi-\zeta,\check{s})\, d\zeta$$

$$+ \int_\xi^\infty \varphi_a(\zeta_1) e^{-\check{s}\zeta_1} \int_{\zeta_1}^\infty \sum_{k=\nu}^\infty \check{u}_k^1(z;\zeta_2-\zeta_1,\check{s}) \int_o^{\zeta_1-\xi} \varphi_b^{*k-\nu}(\zeta_3) \varphi_b(\zeta_2-\xi-\zeta_3)\, d\zeta_3\, d\zeta_2\, d$$

$$+ \int_\xi^\infty \varphi_a(\zeta_1) e^{-\check{s}\zeta_1} \int_o^\infty e^{-\check{s}\eta} \sum_{k=\nu}^\infty q_x(k-n-1;\eta) \int_o^{\zeta_1-\xi} \varphi_b^{*k-\nu}(\zeta_2) \tau_y \varphi_b(\eta+\zeta_1-\xi-\zeta_2)\, d\zeta$$

$$+ \int_\xi^\infty \tau_x \varphi_a(\eta) e^{-\check{s}\eta} q_y(n-\nu;\eta-\xi)\, d\eta,$$

wenn $\nu \in \mathbb{N}-\{1\}$. (12)

Von diesem Integralgleichungssystem kann mit Hilfe der Norm

$$\|(\check{u}_\nu^1)_{\nu=1}^\infty\| := \sup_{\xi \in \mathbb{R}_{+o}} \sum_{\nu=1}^\infty |\check{u}_\nu^1(z;\xi,\check{s})|$$

in Analogie zu Satz 8a gezeigt werden, daß es für $\check{s} > o$ genau ein Lösungssystem $\check{u}_\nu^1(z;\xi,\check{s});\nu\in\mathbb{N}$ besitzt. Diese Lösungen sind stetig in $\xi\in\mathbb{R}_+\cup\{o\}$ und beschränkt, nichtnegativ und die Laplacetransformierten der Lösungen von (1oa). Außerdem konvergiert die aus ihnen gebildete Partialsummenfolge gleichmäßig für alle $\xi\in\mathbb{R}_+\cup\{o\}$, so daß auch die Reihe eine stetige und beschränkte, nichtnegative Funktion beschreibt und die Laplacetransformierte der Funktion $u(z;\xi,\eta) := \sum_{\nu=1}^{\infty} u_\nu^1(z;\xi,\eta)$ darstellt. Der wesentliche Schluß wird dabei wieder über den Banachschen Fixpunktsatz geführt, wobei als Funktionenraum der in der oben angegebenen Norm vollständige Raum der für $\xi\in\mathbb{R}_+\cup\{o\}$ stetigen Funktionenfolgen mit dort gleichmäßig konvergenter Partialsummenfolge zugrundegelegt wird, von der Inhomogenitätenfolge mit der Voraussetzung $\phi_a,\phi_b\in\mathfrak{B}_2$ gezeigt wird, daß sie diesem Raum angehört, und von dem Operator, der das Integralgleichungssystem beherrscht, nachgewiesen wird, daß er auf diesem Raum agiert und in der Norm durch

$$\int_o^\infty e^{-\check{s}t}\varphi_a(t)dt < 1 \quad \text{für alle } \check{s}>o$$

abgeschätzt werden kann.

Da aber diese Lösungen notwendig Grenzwerte der monotonen Iterationsfolge der Inhomogenitäten dieses Systems darstellen, diese jedoch samt ihrer Iterierten gerade die Laplacetransformierten der Iteriertenfolge zu (10a) sind, müssen die Lösungen dieses Systems die Laplacetransformierten der Lösungen von (10a) sein.

Aus (10b) und $\phi_a,\phi_b\in\mathfrak{B}_2$ folgt dann aber auch die Existenz der Laplacetransformierten $\check{u}_\nu^2(z;\xi,\check{s})$ und $\check{u}^2(z;\xi,\check{s}) = \sum_{\nu=1}^{\infty}\check{u}_\nu^2(z;\xi,\check{s})$ für $\check{s}>o$ als stetige, beschränkte, nichtnegative Funktionen von $\xi\in\mathbb{R}_+\cup\{o\}$, wobei die Reihe wieder gleichmäßig konvergiert.

Es gilt sogar, wenn man in (1ob) und (9a) mit diesen Kenntnissen genauer abschätzt und die Existenz der ersten Momente von ϕ_a und ϕ_b verwertet

$$o\le\check{u}^i(z;\xi,\check{s})\le K\cdot e^{-\check{s}\xi},\ i=1,2;\ \check{s}>o,\ \xi\in\mathbb{R}_+\cup\{o\}\ z=(n,x,y)\in\mathfrak{Z}_\infty,\ n\ge 1,$$

woraus die gleiche Abschätzung für alle $\check{u}_\nu^i(z;\xi,\check{s})$ (i=1,2) mit $\nu\in\mathbb{N}$ folgt.

Die Größe K hängt dabei höchstens von $\check{s}$ und $z\in\mathcal{B}_\infty$ ab.

Werden die Funktionen $\check{u}_\nu^i$ für $\xi\in\mathbb{R}_-$ durch o fortgesetzt, so entsteht aus (9b-c) durch Laplacetransformation:

$$\begin{aligned} e^{\check{s}\xi}\check{u}_\nu^1(z;\xi,\check{s}) &= o \qquad , \nu=1\\ &= \int_{-\infty}^{\infty} \varphi_a(\zeta)(e^{\check{s}(\xi-\zeta)}\check{u}_{\nu-1}^1(z;\xi-\zeta,\check{s})d\zeta\\ &+ \int_{-\infty}^{\infty} \varphi_a(\zeta)\check{u}_{\nu-1}^2(z;\zeta-\xi,\check{s})d\zeta\\ &+ \int_{-\infty}^{\infty} \tau_x\varphi_a(\zeta)(e^{-\check{s}(\zeta-\xi)}q_y(n-\nu;\zeta-\xi)d\zeta, \quad \nu\in\mathbb{N}-\{1\} \end{aligned} \tag{14a}$$

$$\begin{aligned} \check{u}_\nu^2(z;\xi,\check{s}) &= \int_{-\infty}^{\infty} (e^{-\check{s}\zeta}\varphi_b(\zeta))\check{u}_{\nu+1}^2(z;\xi-\zeta,\check{s})d\zeta\\ &+ \int_{-\infty}^{\infty} (e^{-\check{s}\zeta}\varphi_b(\zeta))(e^{\check{s}(\zeta-\xi)}\check{u}_{\nu+1}^1(z;\zeta-\xi,\check{s})d\zeta\\ &+ \int_{-\infty}^{\infty} (e^{-\check{s}\zeta}\tau_y\varphi_b(\zeta))q_x(\nu-n;\zeta-\xi)d\zeta \qquad , \nu\in\mathbb{N} \end{aligned} \tag{14b}$$

für $\xi\in\mathbb{R}_+\cup\{o\}$.

Ergänzt man diese Gleichungen auf den linken Seiten durch Addition von Funktionen $\check{v}_\nu^1(z;\xi,\check{s})$ und $\check{v}_\nu^2(z;\xi,\check{s})$ so, daß dann die Gleichheit mit den jeweiligen rechten Seiten von (14a-b) für alle $\xi\in\mathbb{R}$ gilt, so besitzen die ergänzenden Funktionen notwendig die Eigenschaften

$$\begin{aligned} &\check{v}_\nu^i(z;\xi,\check{s}) = o \quad \text{für } i=1,2,\ \ \xi\in\mathbb{R}_+\cup\{o\},\ \ \check{s}>o \ \text{ und } \nu\in\mathbb{N}, \ \text{ sowie}\\ &o\leq \sum_{\nu=1}^{\infty} \check{v}_\nu^1(z;\xi,\check{s})\leq K_o e^{\check{s}\xi} \quad \text{für } \xi\in\mathbb{R}_- \ \text{ und}\\ &o\leq \sum_{\nu=1}^{\infty} \check{v}_\nu^2(z;\xi,\check{s}) \leq K_o \quad \text{für } \xi\in\mathbb{R}_-, \end{aligned} \tag{15}$$

wobei die letzten Ungleichungen auch für jeden einzelnen Summanden gelten und $\check{v}_1^1$ auch für $\xi\in\mathbb{R}_-$ identisch o ist.

Daher konvergieren die folgenden mit + gekennzeichneten zweiseitigen Laplacetransformierten in Re(s)<o, die mit – gekennzeichneten zweiseitigen Laplacetransformierten in Re(s)<s absolut (sie sind genau genommen absolut konvergente einseitige Laplacetransformier ten) und stellen in den

jeweiligen Halbebenen der Konvergenz holomorphe Funktionen dar, die in $Re(s)\geq\varepsilon>0$ bzw. $Re(s)\leq\check{s}-\varepsilon$ für jedes $\varepsilon>0$ gleichmäßig mit $s\to\infty$ gegen 0 konvergieren.

$$u_\nu^+(z;s,\check{s}) := \int_{-\infty}^{\infty} e^{-s\xi}(e^{\check{s}\xi}\check{u}_\nu^1(z,\xi,\check{s})d\xi$$

$$v_\nu^+(z;s,\check{s}) := \int_{-\infty}^{\infty} e^{s\xi}\check{v}_\nu^2(z;\xi,\check{s})d\xi$$

$$\tau_x\varphi_a^+(s) := \int_{-\infty}^{\infty} e^{-s\xi}\tau_x\varphi_a(\xi)d\xi \qquad (x\geq o)$$

$$q_x^+(\nu-n;s) := \int_{-\infty}^{\infty} e^{-s\xi}q_x(\nu-n;\xi)d\xi \qquad (x\geq o) \tag{16}$$

$$u_\nu^-(z;s,\check{s}) := \int_{-\infty}^{\infty} e^{s\xi}\check{u}_\nu^2(z;\xi,\check{s})d\xi$$

$$v_\nu^-(z;s,\check{s}) := \int_{-\infty}^{\infty} e^{-s\xi}\check{v}_\nu^1(z;\xi,\check{s})d\xi$$

$$\tau_y\varphi_b^-(s-\check{s}) := \int_{-\infty}^{\infty} e^{(s-\check{s})\xi}\tau_y\varphi_b(\xi)d\xi \qquad (y\geq o)$$

$$q_y^-(n-\nu;s-\check{s}) := \int_{-\infty}^{\infty} e^{(s-\check{s})\xi}q_y(n-\nu;\xi)d\xi \qquad (y\geq o),$$

wobei $\tau_x\varphi_a^+(s)$, $q_x^+(\nu-n;s)$ auch noch für $Re(s) = o$ und $\tau_y\varphi_b^-(s-\check{s})$ und $q_y^-(n-\nu;s-\check{s})$ für $Re(s) = \check{s}$ existieren und stetig sind.

Dann ergibt sich aus (14a-b) mit den für $\zeta\in\mathbb{C}$, $|\zeta|\leq 1$ konvergenten Reihen

$$u^+(z;s,\check{s}|\zeta) := \sum_{\nu=1}^{\infty} u_\nu^+(z;s,\check{s})\zeta^\nu$$

$$v^+(z;s,\check{s}|\zeta) := \sum_{\nu=1}^{\infty} v_\nu^+(z;s,\check{s})\zeta^\nu \tag{17a}$$

$$u^-(z;s,\check{s}|\zeta) := \sum_{\nu=1}^{\infty} u_\nu^-(z;s,\check{s})\zeta^\nu \quad \text{und}$$

$$v^-(z;s,\check{s}|\zeta) := \sum_{\nu=1}^{\infty} v_\nu^-(z;s,\check{s})\zeta^\nu \tag{17b}$$

das in $o<Re(s)<\check{s}$, $|\zeta|\leq 1$ gültige, algebraische System

$$u^+(z;s,\check{s}|\zeta)+v^-(z;s,\check{s}|\zeta) = \zeta\varphi_a^+(s)(u^+(z;s,\check{s}|\zeta)+u^-(z;s,\check{s}|\zeta)) + \tau_x\varphi_a^+(s)\tau_y\varphi_b^-(s-\check{s})\zeta^2\sum_{k=o}^{n-2}\zeta^k(\varphi_b^-(s-\check{s}))^{n-2-k}$$

$$\zeta(u^-(z;s,\check{s}|\zeta)+v^+(z;s,\check{s}|\zeta)) \tag{18a}$$

$$=\varphi_b^-(s-\check{s})(u^+(z;s,\check{s}|\zeta)+u^-(z;s,\check{s}|\zeta)) + \tau_x\varphi_a^+(s)\tau_y\varphi_b^-(s-\check{s})\zeta^2\,\frac{\zeta^{n-1}}{1-\varphi_a^+(s)\zeta} - \varphi_b^-(s-\check{s})u_1^-(z;s,\check{s})\zeta.$$

Dabei sind die Darstellungen der q_x und q_y benutzt und ihre Laplace-transformierten mit Hilfe derjenigen von $\tau_x\varphi_a$ und $\tau_y\varphi_b$ ausgerechnet worden.

Dieses System ist äquivalent zu

$$(1-\varphi_a^+(s)\zeta)(u^+(z;s,\check{s}|\zeta)+u^-(z;s,\check{s}|\zeta)) = (u^-(z;s,\check{s}|\zeta)-v^-(z;s,\check{s}|\zeta)) + \tau_x\varphi_a^+(s)\tau_y\varphi_b^-(s-\check{s})\zeta^2\sum_{k=o}^{n-2}\zeta^k(\varphi_b^-(s-\check{s}))^{n-2-k} \quad \text{und} \tag{18b}$$

$$(\zeta-\varphi_b^-(s-\check{s}))(u^+(z;s,\check{s}|\zeta)+u^-(z;s,\check{s}|\zeta)) = \zeta(u^+(z;s,\check{s}|\zeta)-v^+(z;s,\check{s}|\zeta))-\varphi_b^-(s-\check{s})u_1^-(z;s,\check{s})\zeta + \tau_x\varphi_a^+(s)\tau_y\varphi_b^-(s-\check{s})\zeta^2\frac{\zeta^{n-1}}{1-\varphi_a^+(s)\zeta}$$

aus dem durch Eliminieren des Terms $(u^+ + u^-)$ das folgende additive Wiener-Hopf-Problem entsteht:

$$(\zeta-\varphi_b^-(s-\check{s}))(u^-(z;s.\check{s}|\zeta)-v^-(z;s,\check{s}|\zeta))+\varphi_b^-(s-\check{s})u_1^-(z;s,\check{s})\zeta - (1-\varphi_a^+(s)\zeta)\zeta(u^+(z;s,\check{s}|\zeta)-v^+(z;s,\check{s}|\zeta)) = \zeta^2(\varphi_a^+(s)\varphi_b^-(s-\check{s})u_1^-(z;s,\check{s})+\tau_x\varphi_a^+(s)\tau_y\varphi_b^-(s-\check{s})(\varphi_b^-(s-\check{s}))^{n-1}). \tag{19a}$$

Dieses Problem lösen wir zunächst rein formal mit Hilfe der Wiener-Hopf-Technik, ohne eventuell notwendige, zusätzliche Voraussetzungen an φ_a und φ_b zu stellen und erhalten:

$$(\zeta-\varphi_b^-(s-\check{s}))(u^-(z;s,\check{s}|\zeta)-v^-(z;s,\check{s}|\zeta))+\varphi_b^-(s-\check{s})u_1^-(z;s,\check{s})$$
$$= \zeta^2\frac{1}{2\pi i}\int_{\alpha-i\infty}^{\alpha+i\infty}\frac{\varphi_a^+(w)\varphi_b^-(w-\check{s})u_1^-(z,w,\check{s})}{w-s}\,dw \tag{19b}$$
$$+\zeta^2\frac{1}{2\pi i}\int_{\alpha-i\infty}^{\alpha+i\infty}\frac{\tau_x\varphi_a^+(w)\tau_y\varphi_b^-(w-\check{s})(\varphi_b^-(w-\check{s}))^{n-1}}{w-s}\,dw$$

mit $Re(s)<Re(w)=\alpha<\check{s}$ und

$$u_1^-(z;s,\check{s}) = \frac{1}{2\pi i}\int_{\alpha-i\infty}^{\alpha+i\infty}\frac{\varphi_a^+(w)\varphi_b^-(w-\check{s})u_1^-(z;w,\check{s})}{w-s}\,dw \tag{19c}$$
$$+\frac{1}{2\pi i}\int_{\alpha-i\infty}^{\alpha+i\infty}\frac{\tau_x\varphi_a^+(w)\tau_y\varphi_b^-(w-\check{s})(\varphi_b^-(w-\check{s}))^{n-1}}{w-s}\,dw.$$

Dann folgt aber aus (19b)

$$u^-(z;s,\check{s}|\zeta)-v^-(z;s,\check{s}|\zeta) = \zeta u_1^-(z;s,\check{s}) \tag{19d}$$

und damit aus (19a) für $\zeta=1$ und $z=z^*=(1,o,o)\in\mathfrak{Z}_\infty$

mit der Bezeichnung

$$w^+(z;s,\check{s}) := u^+(z;s,\check{s}|1)-v^+(z;s,\check{s}|1)$$

$$u_1^-(z^*;s,\check{s})-(1-\varphi_a^+(s))w^+(z^*;s,\check{s})=\varphi_a^+(s)\varphi_b^-(s-\check{s})(u_1^-(z^*;s,\check{s})+1), \tag{19e}$$

eine Gleichung, der wir uns später noch eingehend zuwenden werden. Wird andererseits (19d) in (18b) eingesetzt, so folgt

$$u^+(z;s,\check{s}|\zeta)+u^-(z;s,\check{s}|\zeta) \tag{19f}$$
$$= \frac{\zeta}{1-\varphi_a^+(s)\zeta}\left(u_1^-(z;s,\check{s})+\tau_x\varphi_a^+(s)\tau_y\varphi_b^-(s-\check{s})\zeta\sum_{k=o}^{n-2}\zeta^k(\varphi_b^-(s-\check{s}))^{n-2-k}\right)$$

was durch Koeffizientenvergleich nach Potenzen von ζ zu dem System additiver Wiener-Hopf-Gleichungen

$$u_\nu^+(z;s,\check{s})+u_\nu^-(z;s,\check{s})=(\varphi_a^+(s))^{\nu-1}u_1^-(z;s,\check{s}) \tag{19g}$$

$$+\ \tau_x\varphi_a^+(s)\tau_y\varphi_b^-(s-\check{s})\begin{cases}(\varphi_b^-(s-\check{s}))^{n-\nu}\sum\limits_{k=o}^{\nu-2}(\varphi_a^+(s)\varphi_b^-(s-\check{s}))^k & 2\le\nu\le n\\[2ex] (\varphi_a^+(s))^{\nu-n}\sum\limits_{k=o}^{n-2}(\varphi_a^+(s)\varphi_b^-(s-\check{s}))^k & 1\le n<\nu\end{cases}$$

führt.

Diese lösen wir analog zu (19a) formal mit der Wiener-Hopf-Methode und tranformieren die Ergebnisse ebenso formal in den Urbildbereich zurück, wobei $1/w-s$ durch $\int\limits_o^\infty e^{-(w-s)t}dt$ dargestellt und die entstehenden iterierten Integrale ohne Skrupel vertauscht werden.

Wir erhalten dann aus (19c)

$$u_1^2(z;\xi,\eta) = \tau_x\varphi_a(\eta-\xi)(\tau_y\varphi_b \overset{\eta}{\underset{o}{*}} \varphi_b^{*n-1}) \tag{2oa}$$

$$+\int\limits_\xi^\eta\varphi_a(\zeta_1-\xi)\int\limits_o^{\zeta_1}\varphi_b(\zeta_2)u_1^2(z;\zeta_1-\zeta_2,\eta-\zeta_2)d\zeta_2 d\zeta_1$$

mit dem für $z = z^* = (1,o,o)$ errechneten Spezialfall

$$u_1^2(z^*;\zeta,\eta) = \varphi_a(\eta-\xi)\varphi_b(\eta) \tag{2ob}$$

$$+\int\limits_\xi^\eta\varphi_a(\zeta_1-\xi)\int\limits_o^{\zeta_1}\varphi_b(\zeta_2)u_1^2(z^*;\zeta_1-\zeta_2,\eta-\zeta_2)d\zeta_2 d\zeta_1$$

und aus (19g)

$$u_\nu^1(z;\xi,\eta) = \int\limits_\xi^\eta\varphi_a^{*\nu-1}(\zeta)u_1^2(z;\zeta-\xi,\eta-\xi)d\zeta$$

$$+\begin{cases}\sum\limits_{k=o}^{\nu-2}(\tau_x\varphi_a \overset{\eta}{\underset{o}{*}} \varphi_a^{*k})(\tau_y\varphi_b \overset{\eta-\xi}{\underset{o}{*}} \varphi_b^{*k+n-\nu}) & 2\le\nu\le n\\[2ex] \sum\limits_{k=o}^{n-2}(\tau_x\varphi_a \overset{\eta}{\underset{o}{*}} \varphi_a^{*k+\nu-n})(\tau_y\varphi_b \overset{\eta-\xi}{\underset{o}{*}} \varphi_b^{*k}) & 1\le n<\nu\end{cases}$$

$$u_\nu^2(z;\xi,\eta) = \int_\xi^\eta \varphi_a^{*\nu-1}(\zeta-\xi)u_1^2(z;\zeta,\eta)d\zeta \qquad (20c)$$

$$+\begin{cases} \sum_{k=o}^{\nu-2}(\tau_x\varphi_a \overset{\eta-\xi}{\underset{o}{*}} \varphi_a^{*k})(\tau_y\varphi_b \overset{\eta}{\underset{o}{*}}\varphi_b^{*k+n-\nu}) & 2\leq\nu\leq n \\ \sum_{k=o}^{n-2}(\tau_x\varphi_a \overset{\eta-\xi}{\underset{o}{*}} \varphi_a^{*k+\nu-n})(\tau_y\varphi_b \overset{\eta}{\underset{o}{*}}\varphi_b^{*k}) & 1\leq n<\nu \end{cases}$$

mit den Spezialfällen $z=z^*=(1,o,o)$

$$u_\nu^1(z^*;\xi,\eta) = \int_\xi^\eta \varphi_a^{*\nu-1}(\zeta)u_1^2(z^*;\zeta-\xi,\eta-\xi) \text{ und}$$

$$u_\nu^2(z^*;\xi,\eta) = \int_\xi^\eta \varphi_a^{*\nu-1}(\zeta-\xi)u_1^2(z^*;\zeta,\eta)d\zeta \quad \text{für } \nu\geq 2.$$

(20a) ist eine Integralgleichung für u_1^2 allein und (20c) sind Darstellungen der u_ν^i mit Hilfe von u_1^2. Da aber diese Ergebnisse mit Beginn von (19b) nur formal entwickelt wurden, bedürfen sich noch der Rechtfertigung.

Es ist aber einfach, allein unter der Voraussetzung $\phi_a,\phi_b\in\mathfrak{B}_1$ mit dem Banachschen Fixpunkt zu zeigen, daß (20a) genau eine über $o\leq\xi\leq t$ stetige, nichtnegative Lösung besitzt, daß die durch (20c) mit dieser Lösung konstruierten Funktionen u_ν^i das System (9b-c) erfüllen, also alle die Eigenschaften aufweisen, die wir bereits von den Lösungen jenes Systems kennen.

Von diesen Darstellungen ausgehend kann man dann aber auch (19d) und (19e) als gültig ansehen, ohne die nur formalen Ergebnisse (19b-c) zu benutzen.

Verwenden wir die Konventionen

$$\tau_x\phi_a \overset{\zeta}{\underset{o}{*}} \varphi_a^{*-1} := 1 \quad \text{für alle } \zeta\geq o \text{ und } x\geq o \text{ sowie}$$

$$\tau_y\phi_b \overset{\zeta}{\underset{o}{*}} \varphi_b^{*-1} := 1 \quad \text{für alle } \zeta\geq o \text{ und } y\geq o,$$

so ergeben sich die Darstellungen

$$\hat{p}_\nu^z(t) = (1-\tau_x\phi_a(t))(\tau_y\phi_b \overset{t}{\underset{o}{*}} \varphi_b^{*n-1}) \qquad (21a)$$

$$+ \int_o^t (1-\phi_a(\zeta_1)) \int_o^{\zeta_1} \phi_b(\zeta_2)u_1^2(z;\zeta_1-\zeta_2,t-\zeta_2)d\zeta_2 d\zeta_1, \qquad \nu=o$$

$$= \sum_{k=o}^{\nu-1} (\tau_x\phi_a \overset{t}{\underset{o}{*}}(\varphi_a^{*k-1}-\varphi_a^{*k}))(\tau_y\phi_b \overset{t}{\underset{o}{*}} (\varphi_b^{*k+n-\nu-1}-\varphi_b^{*k+n-\nu}))$$

$$+ \int_o^t (\phi_a^{*\nu-1}(\zeta_1)-\phi_a^{*\nu}(\zeta_1))\int_o^{\zeta_1} (1-\phi_b(\zeta_2))u_1^2(z;\zeta_1-\zeta_2,t-\zeta_2)d\zeta_2 d\zeta_1$$

für $n\geq\nu\geq 1$ und

$$= \sum_{k=o}^{n-1} (\tau_x\phi_a \overset{t}{\underset{o}{*}}(\varphi_a^{*k+\nu-n-1}-\varphi_a^{*k+\nu-n}))(\tau_y\phi_b \overset{t}{\underset{o}{*}}(\varphi_b^{*k-1}-\varphi_b^{*k}))$$

$$+ \int_o^t (\phi_a^{*\nu-1}(\zeta_1)-\phi_a^{*\nu}(\zeta_1))\int_o^{\zeta_1} (1-\phi_b(\zeta_2))u_1^2(z;\zeta_1-\zeta_2,t-\zeta_2)d\zeta_2 d\zeta_1$$

für $\nu\geq n\geq 1$ sowie in dem Spezialfall $z^* = (1,o,o)$

$$\hat{p}_\nu^{z^*}(t) = (1-\phi_a(t))\phi_b(t)$$

$$+ \int_o^t (1-\phi_a(\zeta_1)) \int_o^{\zeta_1} \phi_b(\zeta_2)u_1^2(z^*;\zeta_1-\zeta_2,t-\zeta_2)d\zeta_2 d\zeta_1,$$

für $\nu=o$, (21b)

$$= (\phi_a^{*\nu-1}(t)-\phi_a^{*\nu}(t))(1-\phi_b(t))$$

$$+ \int_o^t (\phi_a^{*\nu-1}(\zeta_1)-\phi_a^{*\nu}(\zeta_1))\int_o^{\zeta_1} (1-\phi_b(\zeta_2))u_1^2(z^*;\zeta_1-\zeta_2,t-\zeta_2)d\zeta_2 d\zeta_1$$

für $\nu\in\mathbb{N}$.

Damit ist die Berechnung der Uebergangsfunktion, der $\hat{p}_\nu^z(t)$, der Dichten φ_r und φ_{bp} auf die Berechnung einer einzigen Funktion zurückgeführt, die zudem aus einer Integralgleichung durch Iteration der Inhomogenität berechnet werden kann.

Zwar wissen wir immer noch nicht, ob $\lim_{\zeta\to\infty} \phi_r(z;\zeta) = \lim_{\zeta\to\infty} \phi_{bp}(z;\zeta) = 1$, doch haben wir in der Gleichung (19e) bereits das geegnete Hilfsmittel entwickelt auf das wir im nächsten Kapitel zurückgreifen werden.

Wir wenden uns jetzt dem Warteschlangenmodell mit endlichem Warteraum zu.

5. Die Uebergangsfunktion für Bedienungskanäle mit endlichem Warteraum.

Die Konstruktionsformeln (I. 12-18) und (I. 27ff) für die Prozeßkomponenten $(\mathfrak{n}_t^N)_{t\in\mathfrak{T}}$, $(\mathfrak{a}_t)_{t\in\mathfrak{T}}$ [3] und $(\mathfrak{b}_t)_{t\in\mathfrak{T}}$ des durch (I. 30) definierten Markoffprozesses

$(\mathfrak{z}_t)_{t\in\mathfrak{T}}$

liefern bei Beachtung von

$t<{}^{o}\mathfrak{b}_1^r$

die zu (5) analogen Aussagen, die für N=1 - der Folgerung 7(ii) entsprechend - die Korrektur

$$\mathfrak{n}_t^N=1 \Rightarrow \mathfrak{b}_t=t+\mathfrak{b}^o\geq\mathfrak{a}_t\geq 0 \qquad (22a)$$

anstelle von $\mathfrak{n}_t=1 \Rightarrow \mathfrak{a}_t>\mathfrak{b}_t\geq 0$ erfahren und für N>1 durch

$$\mathfrak{n}_t^N=N \Rightarrow \mathfrak{b}_t\geq\mathfrak{a}_t\geq 0, \qquad (22b)$$

eine Folgerung aus (I. 27a-j) und (I. 30 a,b), ergänzt werden.

Definiert man für $N\in\mathbb{N}$, $z=(n,x,y)\in\mathfrak{Z}_N$, $\nu=o,1,\ldots,N$, $t\in\mathfrak{T}$ und $\xi,\xi_1,\xi_2\in]o,t]$ die Teilwahrscheinlichkeiten $Q_t(z;\nu|N)$, $Q_t^1(z;\nu,\xi|N)$, $Q_t^2(z;\nu,\xi|N)$, $Q_t^1(z;\nu,\xi_1,\xi_2|N)$ und $Q_t^2(z;\nu,\xi_1,\xi_2|N$ entsprechend den Festsetzungen (6a) in dem dort der Prozeß $(\mathfrak{z}_t)_{t\in\mathfrak{T}}$ durch den Prozeß $(\mathfrak{z}_t^N)_{t\in\mathfrak{T}}$ ersetzt wird, so gelten:
Für t=o und $t\in\mathfrak{T}-\{o\}$ mit n=o und x>o, y=o die gleichen Beziehungen, wie wir sie von den nicht mit N gekennzeichneten anologen Größen her aus (6b-c) kennen.

---

[3] Wollte man formal exakt verfahren, so müßten hier und in der Folge auch $\mathfrak{a}_t,\mathfrak{b}_t,\mathfrak{b}_k^r,\mathfrak{b}_k^{bp}$ mit N indiziert werden. Da sie aber formelmäßig wie die entsprechenden Größen für den unendlichen Warteraum konstruiert werden, haben wir bereits in (I. 30a-c) auf eine solche Kennzeichnung verzichtet.

Für $t\in\mathfrak{T}-\{0\},n\in\{1,2,\dots,N\}$ gelten die gegenüber (6d) teilweise veränderten Aussagen:

$$
\begin{array}{lll}
Q_t(z;\nu|N) & = (1-\tau_x\Phi_a(t))(1-\tau_y\Phi_b(t)) & \text{, wenn } \nu=n \\
 & = 0 & \text{, wenn } \nu\neq n,\ \nu\in\{0,1,\dots,N\} \\
Q_t^1(z;\nu,\xi|N) & = 0 & \text{, wenn } \nu\leq n, \nu\in\{0,1,\dots,N-1\} \\
 & = (1-\tau_y\Phi_b(t))\int_0^{\xi}(\tau_x\varphi_a \overset{t-\zeta}{\underset{0}{*}} \varphi_a^{*\nu-n-1})(1-\Phi_a(\zeta))d\zeta & \text{, wenn } \nu>n,\ \nu\in\{0,1,\dots,N-1\} \\
 & = (1-\tau_y\Phi_b(t))\int_0^{\xi}(\tau_x\varphi_a \overset{t-\zeta}{\underset{0}{*}} \sum_{k=0}^{\infty}\varphi_a^{*k})(1-\Phi_a(\zeta))d\zeta & \text{, wenn } \nu\leq n,\ \nu=N \\
 & = (1-\tau_y\Phi_b(t))\int_0^{\xi}(\tau_x\varphi_a \overset{t-\zeta}{\underset{0}{*}} \sum_{k=k}^{\infty}\varphi_a^{*k+N-n-1})(1-\Phi_a(\zeta))d\zeta & \text{, wenn } \nu>n,\ \nu=N \\
Q_t^2(z;\nu,\xi|N) & = (1-\tau_x\Phi_a(t))(\tau_y\Phi_b \overset{t}{\underset{0}{*}} \varphi_b^{*n-1}) & \text{, wenn } \nu=0 \\
 & = (1-\tau_x\Phi_a(t))\int_0^{\xi}(\tau_y\varphi_b \overset{t-\zeta}{\underset{0}{*}} \varphi_b^{*n-\nu-1})(1-\Phi_b(\zeta))d\zeta & \text{, wenn } \nu<n,\ \nu\in\{1,\dots,N\} \\
 & = 0 & \text{, wenn } \nu\geq n,\ \nu\in\{1,\dots,N\} \\
Q_t^1(z;\nu,\xi_1,\xi_2|N) & = 0 & \text{, wenn } \nu=0,1 \\
 & = Q_t^1(z;\nu,\xi_2,\xi_2|N) & \text{, wenn } \nu\in\{2,\dots,N\},\xi_1\geq\xi_2, \\
Q_t^2(z;\nu,\xi_1,\xi_2|N) & = Q_t^2(z;\nu,\xi_1,t|N) & \text{, wenn } \nu=0, \\
 & = Q_t^2(z;\nu,\xi_1,\xi_1|N) & \text{, wenn } \nu\in\{1,\dots,N-1\},\xi_2\geq\xi_1 \\
 & = 0 & \text{, wenn } \nu=N,
\end{array}
$$

sowie:

$$\sum_{\nu=2}^{N} Q_t^1(z;\nu,\xi_1,\xi_2|N) \leq \tau_x\Phi_a(t)\tau_y\Phi_b(t) \quad \text{und}$$

$$\sum_{\nu=0}^{N-1} Q_t^2(z;\nu,\xi_1,\xi_2|N)\leq \tau_x\Phi_a(t)\tau_y\Phi_b(t) \qquad (23)$$

Damit ist - analog zu den Formeln (7) - eine in Spezialfällen vollständige, analytische Darstellung der Uebergangsfunktionen der

Prozesse $(\hat{\mathfrak{z}}_t^N)_{t\in\mathfrak{T}}$ möglich. Wir werden diese hier nicht mehr explizit hinschreiben, sondern nur die für die weitere Analyse wichtigen Darstellungen der $\hat{p}_\nu^z(t|N)$, $\phi_r(z;t|N)$, $\phi_{bp}(z;t|N)$ und das Grenzverhalten für $t\downarrow o$ von $p_t(z;\nu,\xi_1,\xi_2|N)$ angeben:

__Folgerung 12:__

(i) Für $z=(n,x,y)\in\mathfrak{Z}_N$, $t=o$ sind

$$\begin{aligned}\hat{p}_\nu^z(t|N) &= 1, \text{ wenn } \nu=n,\\ &= o, \text{ wenn } \nu\neq n,\ \nu\in\{o,1,\dots,N\}\end{aligned} \tag{24a}$$

(ii) Für $z=(o,x,o)\in\mathfrak{Z}_N$, $t\in\mathfrak{T}-\{o\}$ sind

$$\begin{aligned}\hat{p}_\nu^z(t|N) &= (1-\tau_x\phi_a(t)), \text{ wenn } \nu=o\\ &= o \quad , \text{ wenn } \nu\in\{1,\dots,N\}\end{aligned} \tag{24b}$$

$$\phi_r(z;\zeta|N)=\tau_x\phi_a(\zeta) \quad , \zeta\geq o$$

$$\phi_{bp}(z;\zeta|N) = 1 \quad , \zeta\geq o$$

(iii) Für $z=(n,x,y)\in\mathfrak{Z}_N$, $n>o$, $t\in\mathfrak{T}-\{o\}$ sind

$$\begin{aligned}\hat{p}_\nu^z(t|N) &= (1-\tau_x\phi_a(t))(\tau_y\phi_b \overset{t}{\underset{o}{*}} \varphi_b^{*n-1})+Q_t^2(z;o,t,t|N)\\ &\quad \text{wenn } \nu=o,\\ &= (1-\tau_x\phi_a(t))(\tau_y\phi_b \overset{t}{\underset{o}{*}}(\varphi_b^{*n-\nu-1}-\varphi_b^{*n-\nu}))+Q_t^1(z;\nu,t,t|N)+Q_t^2(z;\nu,t,t|\\ &\quad \text{wenn } \nu<n,\ \nu\in\{1,\dots,N-1\},\\ &= (1-\tau_x\phi_a(t)(1-\tau_y\phi_b(t))+Q_t^1(z;\nu,t,t|N)+Q_t^2(z;\nu,t,t|N)\\ &\quad \text{wenn } \nu=n,\ \nu\in\{1,\dots,N-1\},\\ &= (1-\tau_y\phi_b(t))(\tau_x\phi_a \overset{t}{\underset{o}{*}}(\varphi_a^{*\nu-n-1}-\varphi_a^{*\nu-n}))+Q_t^1(z;\nu,t,t|N)+Q_t^2(z;\nu,t,t|\\ &\quad \text{wenn } \nu>n,\ \nu\in\{1,\dots,N-1\}\\ &= (1-\tau_y\phi_b(t))+Q_t^1(z;N,t,t|N),\\ &\quad \text{wenn } \nu=n,\ \nu=N,\\ &=(1-\tau_y\phi_b(t))(\tau_x\phi_a \overset{t}{\underset{o}{*}} \varphi_a^{*N-n-1})+Q_t^1(z;N,t,t|N),\\ &\quad \text{wenn } \nu>n,\ \nu=N,\end{aligned} \tag{24c}$$

$$\begin{aligned}\phi_r(z;\zeta|N)&=\tau_x\phi_a(\zeta)\tau_y\phi_b(\zeta)-\sum_{\nu=2}^{N} Q_\zeta^1(z,\nu,\zeta,\zeta|N)-\sum_{\nu=o}^{N-1} Q_\zeta^2(z;\nu,\zeta,\zeta|N), \zeta>o\\ &= o \quad ,\zeta\leq o\end{aligned}$$

$$\phi_{bp}(z;\zeta|N)=\tau_x\phi_a(\zeta)\tau_y\phi_b(\zeta)+(1-\tau_x\phi_a(\zeta))(\tau_y\phi_b \overset{\zeta}{\underset{o}{*}} \varphi_b^{*n-1}) \qquad (24d)$$

$$-\sum_{\nu=2}^{N} Q_\zeta^1(z;\nu,\zeta,\zeta|N)-\sum_{\nu=1}^{N-1} Q_\zeta^2(z;\nu,\zeta,\zeta|N) \qquad ,\zeta>o$$

$$= o \qquad ,\zeta\leq o$$

(iv) Für $N=1$, $z=(n,x,y)\in\mathfrak{Z}_1$, $n=1$, $t\in\mathfrak{T}-\{o\}$ sind

$$\hat{p}_\nu^z(t|1)=(1-\tau_x\phi_a(t))\tau_y\phi_b(t)+Q_t^2(z;o,t,t|1), \text{ wenn } \nu=o$$

$$=(1-\tau_y\phi_b(t)) \qquad ,\text{wenn } \nu=1$$

$$\phi_r(z;\zeta|1)=\tau_x\phi_a(\zeta)\tau_y\phi_b(\zeta)-Q_\zeta^2(z;o,\zeta,\zeta|1) \quad ,\zeta>o \qquad (24d)$$

$$=o \qquad ,\zeta\leq o$$

$$\phi_{bp}(z:\zeta|1)=\tau_y\phi_b(\zeta) \qquad ,\zeta>o$$

$$=o \qquad ,\zeta\leq o$$

als Spezialfälle von (iii).

<u>Folgerung 13:</u>

Gehören $\phi_a,\phi_b\in\mathfrak{B}_o$ sogar der Klasse $\mathfrak{B}_1$ an, so gelten die über die in $\mathfrak{B}_o$ richtige Aussage

$$\lim_{t\downarrow o} \hat{p}_t(z;\nu,\xi_1,\xi_2|N)=\hat{p}_o(z;\nu,\xi_1,\xi_2|N)$$

hinausführenden Beziehungen:

(i) Für $t\downarrow o$, $z=(o,x,o)\in\mathfrak{Z}_N$

$$\hat{p}_t(z;\nu,\xi_1,\xi_2|N)=1-\tau_x\varphi_a(o)\cdot t+o(t), \quad \text{wenn } \nu=o,\ \xi_1\in[t+x,\infty[$$

$$=o \quad , \text{wenn } \nu\neq o \text{ oder } \xi_1\in[o,t+x[.$$

(ii) Für $t\downarrow o$, $z=(n,x,y)\in\mathfrak{Z}_N$, $n>o$, $\nu=o$

$$\hat{p}_t(z;\nu,\xi_1,\xi_2|N)=\tau_y\varphi_b(o)\cdot t+o(t) \quad , \text{wenn } n=1,\ \xi_1\in[t+x,\infty[$$

$$=o(t) \quad , \text{wenn } n>1 \text{ oder } \xi_1\in[o,t+x[$$

(iii) Für $t\downarrow o$, $z=(n,x,y)\in\mathfrak{Z}_N$, $n>o$, $\nu\in\{1,\dots,N-1\}$

$$\hat{p}_t(z;\nu,\xi_1,\xi_2|N)=\tau_y\varphi_b(o)\cdot t+o(t) \quad , \text{wenn } \nu=n-1,\ \xi_1\in[t+x,\infty[$$

$$=1-(\tau_x\varphi_a(o)+\tau_y\varphi_b(o))t+o(t), \quad \text{wenn } \nu=n,\xi_1\in[t+x,\infty[,\xi_2\in[t+y,\infty[,$$

$$=\tau_x\varphi_a(o)\cdot t+o(t) \quad , \text{wenn } \nu=n+1,\ \xi_2\in[t+y,\infty[,$$

$$=o(t) \quad , \text{sonst.}$$

(iv) Für $t\downarrow o$, $z=(n,x,y)\in\mathfrak{Z}_N$, $n>o$, $\nu=N$

$$\hat{p}_t(z;\nu,\xi_1,\xi_2|N)=1-\tau_y\varphi_b(o)t+o(t), \quad \text{wenn } \nu=n,\ \xi_1\in[t+x,\infty[,\xi_2\in[t+y,\infty[,$$
$$=\tau_x\varphi_a(o)\cdot t+o(t), \quad \text{wenn } \nu=n,\ \xi_1\in[o,t+x[,\xi_2\in[t+y,\infty[,$$
$$=\tau_x\varphi_a(o)\cdot t+o(t), \quad \text{wenn } \nu=n+1,\ \xi_2\in[t+y,\infty[,$$
$$=o(t) \quad , \text{sonst.}$$

Die Aussagen dieser beiden Folgerungen sind das Ergebnis von Rechnungen mit den Formeln (23).

Auf dieser Grundlage werden in Analogie zu den Beweisen der Sätze 7a und 8a, unter Verwendung der Normen

$$\|(u^1{}_\nu)_{\nu=1}^N\|_{\eta'} := \operatorname*{ess\,sup}_{o\le\xi\le\eta\le\eta'} \sum_{\nu=1}^N |u_\nu^1(z;\xi,\eta|N)|;\ \eta'\ge o,\ N\in\mathbb{N}$$

die folgenden Aussagen bestätigt:

<u>Satz 7b:</u>

Ist für $N\in\mathbb{N}$, $z=(n,x,y)\in\mathfrak{Z}_N$ mit $n\in\mathbb{N}$ beliebig, doch fest gewählt, und wird $D := \{(\xi,\eta)\in\mathbb{R}^2;o\le\xi\le\eta\}$ gesetzt, so gibt es unter der Voraussetzung $\phi_a,\phi_b\in\mathfrak{B}_1$:

(i) Für N=1 zu $Q_t^2(z;o,\xi_1,\xi_2|N)=Q_t^2(z;o,\xi_1,t|N)$, $(o\le\xi_1\le t)$, eine Dichte

$$W_t^2(z;o,\xi|1)=(\tau_y\phi_b(t)-\tau_y\phi_b(t-\xi)(1-\phi_a(\xi)(\tau_x\varphi_a \overset{t-\zeta}{\underset{o}{*}} \sum_{k=o}^{\infty}\varphi_a^{*k})$$

mit

$$Q_t^2(z;o,\xi_1,\xi_2|N)=\int_o^{\xi_1} W_t^2(z;o,\zeta|1)d\zeta$$ für $o\le\xi_1\le t$, woraus sich mit Folgerung 12 (iv) und zugleich zu ihrer Ergänzung

$$\hat{p}_o^z(t|1)=\tau_y\phi_b(t)-\int_o^t(1-\phi_a(t-\zeta))\tau_y\phi_b(\zeta)(\tau_x\varphi_a \overset{\zeta}{\underset{o}{*}} \sum_{k=o}^{\infty}\varphi_a^{*k})d\zeta \quad \text{und}$$

$$\phi_r(z;\zeta|1)=\int_o^t(1-\phi_a(t-\zeta))\tau_y\phi_b(\zeta)(\tau_x\varphi_a \overset{\zeta}{\underset{o}{*}} \sum_{k=o}^{\infty}\varphi_a^{*k})d\zeta$$

ergeben.

(ii) Für $N\ge2$ zwei Familien $\{u_\nu^1(z;\cdot;|N);\nu=1,\dots,N\}$ und $\{u_\nu^2(z;\cdot;|N);\nu=1,\dots,N\}$ nichtnegativer Funktionen der Klasse $L_1(D)$ mit den Eigenschaften

$$Q_t^1(z;\nu,\xi_1,\xi_2|N)=\int_o^{\min(\xi_1,\xi_2)}(1-\phi_a(\zeta_1))\int_{\zeta_1}^{\xi_2}(1-\phi_b(\zeta_2))u_\nu^1(z;\zeta_2-\zeta_1,t-\zeta_1|N)\,d\zeta_2 d\zeta_1$$

für $\xi_1,\xi_2\in[o,t]$ und $\nu=1,\ldots,N$,

$$Q_t^2(z;\nu,\xi_1,\xi_2|N)=\int_o^{\xi_1}(1-\phi_a(\zeta_1))\int_o^{\zeta_1}\phi_b(\zeta_2)u_1^2(z;\zeta_1-\zeta_2,t-\zeta_2|N)\,d\zeta_2 d\zeta_1 \qquad (25a)$$

für $\xi_1,\xi_2\in[o,t]$ und $\nu=o$,

$$Q_t^2(z;\nu,\xi_1,\xi_2|N)=\int_o^{\min(\xi_1,\xi_2)}(1-\phi_b(\zeta_2))\int_{\zeta_2}^{\xi_1}(1-\phi_a(\zeta_1))u_\nu^2(z;\zeta_1-\zeta_2,t-\zeta_2|N)\,d\zeta_1 d\zeta_2$$

für $\xi_1,\xi_2\in[o,t]$ und $\nu=1,\ldots,N$,

$$u_\nu^1(z;\xi,\eta|N)=o$$

für $\nu=1$

$$=\int_o^{\xi}\varphi_a(\zeta)u_{\nu-1}^1(z;\xi-\zeta,\eta-\zeta|N)d\zeta$$

$$+\int_\xi^{\eta}\varphi_a(\zeta)u_{\nu-1}^2(z;\zeta-\xi,\eta-\xi|N)d\zeta+\tau_x\varphi_a(\eta)q_y(n-\nu;\eta-\xi|N)$$

für $\nu=2,\ldots,N-1$, (25b)

$$=\int_o^{\xi}\varphi_a(\zeta)(u_{\nu-1}^1(z;\xi-\zeta,\eta-\zeta|N)+u_\nu^1(z;\xi-\zeta,\eta-\zeta|N))d\zeta$$

$$+\int_\xi^{\eta}\varphi_a(\zeta)u_{\nu-1}^2(z;\zeta-\xi,\eta-\xi|N)d\zeta+\tau_x\varphi_a(\eta)q_y(n-\nu;\eta-\xi|N)$$

für $\nu=N$ und

$$u_\nu^2(z;\xi,\eta|N)=\int_o^{\xi}\varphi_b(\zeta)u_{\nu+1}^2(z;\xi-\zeta,\eta-\zeta|N)d\zeta \qquad (25c)$$

$$+\int_\xi^{\eta}\varphi_b(\zeta)u_{\nu+1}^1(z;\zeta-\xi,\eta-\xi|N)d\zeta+\tau_y\varphi_b(\eta)q_x(\nu-n;\eta-\xi|N)$$

für $\nu=1,\ldots,N-1$

$$=o$$

für $\nu=N$.

Dabei sind gesetzt:

$$q_x(\nu-n;\zeta|N) := \tau_x\varphi_a \overset{\zeta}{\underset{o}{*}} \varphi_a^{*\nu-n} \quad ,\text{wenn } n\leq\nu,\ \nu\in\{1,\ldots,N-2\},\ \zeta\geq o,$$

$$:= o \quad ,\text{wenn } n>\nu,\ \nu\in\{1,\ldots,N-2\},\ \zeta\geq o,$$

$$:= \dot{\tau}_x \varphi_a \overset{\zeta}{\underset{o}{*}} \sum_{k=o}^{\infty} \varphi_a^{*k+\nu-n} \qquad ,\text{wenn } n\leq\nu,\ \nu=N-1,\quad \zeta\geq o, \tag{25d}$$

$$:= \tau_x \varphi_a \overset{\zeta}{\underset{o}{*}} \sum_{k=o}^{\infty} \varphi_a^{*k} \qquad ,\text{wenn } n>\nu,\ \nu=N-1,\quad \zeta\geq o,$$

$$q_y(n-\nu;\zeta|N) \ := o \qquad ,\text{wenn } n<\nu,\ \nu\in\{2,\dots,N\},\ \zeta\geq o, \tag{25e}$$

$$:= \tau_y \varphi_b \overset{\zeta}{\underset{o}{*}} \varphi_b^{*n-\nu} \qquad ,\text{wenn } n\geq\nu,\ \nu\in\{2,\dots,N\},\ \zeta\geq o$$

Wir bemerken, daß wir die unter (i) erzielten Ergebnisse schon im ersten Kapitel unter weitaus schwächeren Bedingungen herleiten konnten. Außerdem wird hier, genau wie in Satz 7a, von den Voraussetzungen ϕ_a, $\phi_b \in \mathfrak{B}_1$ nur die Existenz der Dichten φ_a, φ_b benötigt.

Satz 8b:

(i) In Bezug auf Lösungssysteme, deren Elemente der Klasse $L_1(D)$ angehören, sind (25b-c) und das folgende System äquivalent:

$$u_\nu^1(z;\xi,\eta|N) = o$$

für $\nu=1$

$$= \int_o^\xi \varphi_a(\zeta) u_{\nu-1}^1(z;\xi-\zeta,\eta-\zeta|N)\,d\zeta$$

$$+ \int_\xi^\eta \varphi_a(\zeta) \int_\zeta^\eta \sum_{k=\nu}^{N} u_k^1(z;\zeta_1-\zeta,\eta-\zeta|N) \int_o^{\zeta-\xi} \varphi_b^{*k-\nu}(\zeta_2)\varphi_b(\zeta_1-\xi-\zeta_2)\,d\zeta_2\,d\zeta_1 d\zeta$$

$$+ \int_\xi^\eta \varphi_a(\zeta) \sum_{k=\nu}^{N} q_x(k-n-1;\eta-\zeta|N) \int_o^{\zeta-\xi} \varphi_b^{*k-\nu}(\zeta_1)\tau_y\varphi_b(\eta-\xi-\zeta_1)\,d\zeta_1 d\zeta$$

$$+ \tau_x\varphi_a(\eta) q_y(n-\nu;\eta-\xi|N)$$

für $\nu\in\{2,\dots, N-1\}$

$$= \int_o^\xi \varphi_a(\zeta)(u_{\nu-1}^1(z;\xi-\zeta,\eta-\zeta|N)+u_\nu^1(z;\xi-\zeta,\eta-\zeta|N))\,d\zeta$$

$$+ \int_{\xi}^{\eta} \varphi_a(\zeta) \int_{\zeta}^{\eta} \sum_{k=\nu}^{N} u_k^1(z;\zeta_1-\zeta,\eta-\zeta|N) \int_{o}^{\zeta-\xi} \varphi_b^{*k-\nu}(\zeta_2)\varphi_b(\zeta_1-\xi-\zeta_2) \, d\zeta_2 d\zeta_1 d\zeta$$

$$+ \int_{\xi}^{\eta} \varphi_a(\zeta) \sum_{k=\nu}^{N} q_x(k-n-1;\eta-\zeta|N) \int_{o}^{\zeta-\xi} \varphi_b^{*k-\nu}(\zeta_1)\tau_y\varphi_b(\eta-\xi-\zeta_1) \, d\zeta_1 d\zeta$$

$$+ \tau_x\varphi_a(\eta) q_y(n-\nu;\eta-\xi|N) \tag{26a}$$

für $\nu=N$

sowie

$$u_\nu^2(z;\xi,\eta|N) = \sum_{k=\nu+1}^{N} \int_{\xi}^{\eta} u_k^1(z;\zeta-\xi,\eta-\xi|N) \int_{o}^{\xi} \varphi_b^{*k-\nu-1}(\zeta_1)\varphi_b(\zeta-\zeta_1)d\zeta_1 d\zeta$$

$$+ \sum_{k=\nu+1}^{N} q_x(k-n-1;\eta-\xi|N) \int_{o}^{\xi} \varphi_b^{*k-\nu-1}(\zeta)\tau_y\varphi_b(\eta-\zeta)d\zeta \tag{26b}$$

für $\nu\in\{1,\dots,N\}$.

(ii) Das System (26a) besitzt genau ein Lösungssystem mit Elementen aus $L_1(D)$. Diese Lösungen nehmen über D keine negativen Werte an. Die Voraussetzungen $\phi_a, \phi_b \in \mathfrak{B}_1$ bewirken, daß die Lösungselemente über D stetig und die Grenzwerte der monoton und über kompakten Bereichen gleichmäßig konvergierenden Iterationsfolge der Inhomogenitäten sind.

Folgerung 14:

(i) Durch die Formeln (23), die Folgerung 12 und die Sätze 7b und 8b sind die Uebergangsfunktionen der Prozesse $(\hat{\mathfrak{z}}_t^N)_{t\in\mathfrak{T}}$; $N\in\mathbb{N}$, die Wahrscheinlichkeiten $\{\hat{p}_\nu^z(t|N);\ N\in\mathbb{N},\ \nu\in\{o,1,\dots,N\}\}$ und die Verteilungsfunktionen $\phi_r(z;\zeta|N)$, $\phi_{bp}(z;\zeta|N)$ vollständig analytisch charakterisiert.

(ii) Insbesondere folgt aus $\phi_a, \phi_b \in \mathfrak{B}_1$ die Existenz stetiger Dichten für ϕ_r und ϕ_{bp} mit den Darstellungen

$$\varphi_r(z;\zeta|N) = \tau_x\varphi_a(\zeta)(\tau_y\phi_b \overset{\zeta}{\underset{o}{*}} \varphi_b^{*n-1}) + \int_o^\zeta \varphi_a(\zeta_1)\int_o^{\zeta_1} \phi_b(\zeta_2)u_1^2(z;\zeta_1-\zeta_2,\zeta-\zeta_2|N)d\zeta_2 d\zeta_1 \quad \text{und}$$

$$\varphi_{bp}(z;\zeta|N) = (1-\tau_x\phi_a(\zeta))(\tau_y\varphi_b \overset{\zeta}{\underset{o}{*}}\varphi_b^{*n-1}) + \int_o^\zeta (1-\phi_a(\zeta_1))\int_o^{\zeta_1} \varphi_b(\zeta_2)u_1^2(z;\zeta_1-\zeta_2,\zeta-\zeta_2|N)d\zeta_2 d\zeta_1. \tag{26c}$$

für $\zeta \geq o$ und $z=(n,x,y)\in \mathfrak{Z}_N$, $n\geq 1$, $N\geq 2$.

(iii) Außerdem gestatten die Darstellungen der $\hat{p}_\nu^z$ für $N>1$ weitere Darstellungen von ϕ_r und ϕ_{bp}, die formal auch den Fall $N=1$ umfassen:

Mit $u^1 := \sum_{\nu=2}^{N} u_\nu^1$ und $u^2 := \sum_{\nu=1}^{N-1} u_\nu^2$, die für $N=1$ auf Grund unserer Konvention o sind, gelten für $t\geq o$:

$$\phi_r(z;t|N) = \int_o^t (1-\phi_a(t-\zeta))\tau_y\phi_b(\zeta)(\tau_x\varphi_a \overset{\zeta}{\underset{o}{*}} \sum_{k=o}^{\infty} \varphi_a^{*k})d\zeta - \int_o^t (1-\phi_a(t-\zeta_1))\int_o^{\zeta_1} (1-\phi_b(\zeta_2))u^1(z;\zeta_2,\zeta_1|N)d\zeta_2 d\zeta_1 \quad \text{und}$$

$$\phi_{bp}(z;t|N) = \tau_y\phi_b \overset{t}{\underset{o}{*}}\varphi_b^{*n-1} + \sum_{\nu=o}^{n-2} \int_o^t (1-\phi_b(t-\zeta))(\tau_y\varphi_b \overset{\zeta}{\underset{o}{*}}\varphi_b^{*\nu})\tau_x\phi_a(\zeta)d\zeta - \int_o^t (1-\phi_b(t-\zeta_2))\int_o^{\zeta_2} (1-\phi_a(\zeta_1))u^2(z;\zeta_1,\zeta_2|N)d\zeta_1 d\zeta_2. \tag{26d}$$

Während (i) und (ii) analog den entsprechenden Aussagen von Folgerung 11 bewiesen werden, bedarf (iii) einiger klärender Bemerkungen:

In (24d) setzt man zunächst (25a) ein.

Addiert man nun alle Gleichungen in (25b) resp. (25c) unter Verwendung von (25d) und (25e) auf, und setzt man

$\nu^2(\xi,\eta-\xi) := u^2(z;\xi,\eta|N)$; $\nu_1^2(\xi,\eta-\zeta) := u_1^2(z;\xi,n|N)$ für $o\leq\xi\leq\eta$ bzw.

$v^1(\xi,\eta-\xi) := u^1(z;\xi,\eta|N)$ so erhält man einerseits:

$$v^2(\xi,\eta) = \int_o^\xi \varphi_b(\zeta)v^2(\xi-\zeta,\eta)d\zeta - \int_o^\zeta \varphi_b(\zeta)v_1^2(\xi-\zeta,\eta)d\zeta$$

$$+ \int_o^\eta \varphi_b(\zeta+\xi)u^1(z;\zeta,\eta|N)d\zeta + \tau_y\varphi_b(\eta+\xi)(\tau_x\varphi_a \overset{\eta}{\underset{o}{*}} \sum_{k=o}^{\infty} \varphi_a^{*k}) \tag{26e}$$

und andererseits

$$v^1(\xi,\eta) = \int_o^\xi \varphi_a(\zeta)v^1(\xi-\zeta,\eta)d\zeta + \int_o^\eta \varphi_a(\zeta+\xi)u^2(z;\zeta,\eta|N)d\zeta$$

$$+ \tau_x\varphi_a(\eta+\xi)\tau_y\varphi_b \overset{\eta}{\underset{o}{*}} \sum_{\nu=o}^{n-2} \varphi_b^{*\nu} \tag{26f}$$

für $o\leq\xi$, $o\leq\eta$,

zwei Volterasche Integralgleichungen vom Faltungstyp für v^2 resp. v^1. Setzt man deren Lösung schließlich in die mit (25a) veränderte Darstellung (24d) ein, so folgt durch zwangsläufiges Rechnen mit den Identitäten

$$(1-\phi_a)\overset{t}{\underset{o}{*}} \sum_{k=o}^{\infty} \varphi_a^{*k} = 1 \quad \text{und}$$

$$(1-\phi_b)\overset{t}{\underset{o}{*}} \sum_{k=o}^{n-2} \varphi_b^{*k} = 1-\phi_b^{*n-1}$$

die Behauptung.

Man beachte noch, daß für $N=1$, notwendig $n=1$ gilt, und daher $\phi_{bp}(z;t|1)=\tau_y\phi(t)$ aus (26d) formal folgt.

Wir wollen nun untersuchen, wie sich die Wahrscheinlichkeiten $\hat{p}_\nu^z(t|N)$, $\phi_r(z;t|N)$ und $\phi_{bp}(z;t|N)$ für $N\to\infty$ verhalten. Wir vermuten, daß sie gegen die entsprechenden Größen des Bedienungskanals mit unendlichem Warteraum konvergieren.

Sei $z=(n,x,y)\in\mathfrak{Z}_\infty$ fest. Ist $n=o$, so gelten wegen (24b) und (8b) $\hat{p}_\nu^z(t|N)=\hat{p}_\nu^z(t)$, $\phi_r(z;t|N)=\phi_r(z;t)$ sowie $\phi_{bp}(z;t|N)=\phi_{bp}(z;t)$.

Ist $n>1$, wählen wir $N>n$ und betrachten für $o\leq\xi\leq\eta$:

$d_\nu^1(z;\xi,\eta|N) := u_\nu^1(z;\xi,\eta)-u_\nu^1(z;\xi,\eta|N)$ und

$d_\nu^2(z;\xi,\eta|N) := u_\nu^2(z;\xi,\eta)-u_\nu^2(z;\xi,\eta|N)$ für $\nu\in\{1,\dots,N\}$

so folgen aus (26b) und (10b) resp. (26a) und (90a):

$$d_\nu^2(z;\xi,\eta|N)= \int_\xi^\eta \sum_{k=\nu+1}^{N} d_k^1(z;\zeta_1-\xi,\eta-\xi|N)\int_o^\xi \varphi_b^{*k-\nu-1}(\zeta)\varphi_b(\zeta_1-\zeta)d\zeta d\zeta_1$$

$$+\int_\xi^\eta \sum_{k=N+1}^{\infty} u_k^1(z;\zeta_1-\xi,\eta-\xi)\int_o^\xi \varphi_b^{*k-\nu-1}(\zeta)\varphi_b(\zeta_1-\zeta)d\zeta d\zeta_1$$

$$+\sum_{k=N+1}^{\infty}(\tau_x\varphi_a \overset{\eta-\xi}{\underset{o}{*}} \varphi_a^{*k-1-n})\int_o^\xi(\varphi_b^{*k-\nu}(\zeta)-\varphi_b^{*N-\nu}(\zeta))\tau_y\varphi_b(\eta-\zeta)d\zeta$$

für $\nu\in\{1,\dots,N\}$ und

$$d_\nu^1(z;\xi,\eta|N) = o$$

für $\nu=1$

$$= \int_o^\xi \varphi_a(\zeta)d_{\nu-1}^1(z;\xi-\zeta,\eta-\zeta|N)d\zeta$$

$$+\int_\xi^\eta \varphi_a(\zeta)\int_\zeta^\eta \sum_{k=\nu}^{N} d_k^1(z;\zeta_1-\zeta,\eta-\zeta|N)\int_o^{\zeta-\xi}\varphi_b^{*k-\nu}(\zeta_2)\varphi_b(\zeta_1-\xi-\zeta_2)\,d\zeta_2 d\zeta_1 d\zeta$$

$$+\int_\xi^\eta \varphi_a(\zeta)\int_\zeta^\eta \sum_{k=N+1}^{\infty} u_k^1(z;\zeta_1-\zeta,\eta-\zeta)\int_o^{\zeta-\xi}\varphi_b^{*k-\nu}(\zeta_2)\varphi_b(\zeta_1-\xi-\zeta_2)\,d\zeta_2 d\zeta_1 d\zeta$$

$$+\int_\xi^\eta \varphi_a(\zeta)\sum_{k=N+1}^{\infty}(\tau_x\varphi_a \overset{\eta-\zeta}{\underset{o}{*}} \varphi_a^{*k-1-n})\int_o^{\zeta-\xi}(\varphi_b^{*k-\nu}(\zeta_1)-\varphi_b^{*N-\nu}(\zeta_1))\,\tau_y\varphi_b(\eta-\xi-\zeta_1)d\zeta d\zeta_1$$

für $\nu\in\{2,\dots,N_{\overline{\xi}}1\}$

$$= \int_o^\xi \varphi_a(\zeta)(d_{\nu-1}^1(z;\xi-\zeta,\eta-\zeta|N)+d_\nu^1(z;\xi-\zeta,\eta-\zeta|N))d\zeta$$

$$+\int_\xi^\eta \varphi_a(\zeta)\int_\zeta^\eta \sum_{k=\nu}^{N} d_k^1(z;\zeta_1-\zeta,\eta-\zeta|N)\int_o^{\zeta-\xi}\varphi_b^{*k-\nu}(\zeta_2)\varphi_b(\zeta_1-\xi-\zeta_2)\,d\zeta_2 d\zeta_1 d\zeta$$

$$+\int_\xi^\eta \varphi_a(\zeta)\int_\zeta^\eta \sum_{k=N+1}^{\infty} u_k^1(z;\zeta_1-\zeta_1,\eta-\zeta)\int_o^{\zeta-\xi}\varphi_b^{*k-\nu}(\zeta_2)\varphi_b(\zeta_1-\xi-\zeta_2)\,d\zeta_2 d\zeta_1 d\zeta$$

$$-\int_{o}^{\xi}\varphi_a(\zeta)u_\nu^1(z;\xi-\zeta,\eta-\zeta)d\zeta$$

$$+\int_{\xi}^{\eta}\varphi_a(\zeta)\sum_{k=N+1}^{\infty}(\tau_x\varphi_a \overset{t-\zeta}{\underset{o}{*}} \varphi_a^{*k-1-n})\int_{o}^{\zeta-\xi}(\varphi_b^{*k-\nu}(\zeta_1)-\varphi_b^{*N-\nu}(\zeta_1))$$

$$\tau_y\varphi_b(\eta-\xi-\zeta_2)d\zeta_1 d\zeta$$

für $\nu=N$.

Aus der gleichmäßigen Konvergenz der mit den Funktionen $u_\nu^1(z;\cdot)$ gebildeten Reihen (Satz 8a(iv)) auf kompakten Bereichen ihres Definitionsgebietes und der gleichmäßigen Konvergenz von $\sum_{k=1}^{\infty}\varphi_a^{*k}$ auf jedem Kompaktum von $\mathbb{R}_+\cup\{o\}$ folgt:

Es gibt zu jedem $t\in\mathfrak{T}$ und $\varepsilon>o$ ein $N_o(\varepsilon,t)$, so daß für alle $N>\mathrm{Max}(n,N_o)$ und alle $o\leq\xi\leq\eta\leq t$

$$o\leq \sum_{\nu=2}^{N}\int_{\zeta}^{\eta}\varphi_a(\zeta)\int_{\zeta}^{\eta}\sum_{k=N+1}^{\infty}u_k^1(z;\zeta_2-\zeta,\eta-\zeta)\int_{o}^{\zeta-\xi}\varphi_b^{*k-\nu}(\zeta_2)\varphi_b(\zeta_1-\xi-\zeta_2)d\zeta_2 d\zeta_1 d\zeta +$$

$$+\sum_{\nu=2}^{N}\int_{\xi}^{\eta}\varphi_a(\zeta)\sum_{k=N+1}^{\infty}(\tau_x\varphi_a \overset{\zeta}{\underset{o}{*}} \varphi_a^{*k-1-n})\int_{o}^{\zeta-\xi}|\varphi_b^{*k-\nu}(\zeta_1)-\varphi_b^{*N-\nu}(\zeta_1)|$$

$$\tau_y\varphi_b\ (\eta-\xi-\zeta_1)d\zeta_1 d\zeta$$

$$+\int_{o}^{\xi}\varphi_a(\zeta)u_N^1(z;\xi-\zeta,\eta-\zeta|\infty)d\zeta$$

$$<\varepsilon$$

gilt:

Geht man daher in den oben stehenden Gleichungen zu Beträgen und Ungleichungen über, die man anschließend aufsummiert, so folgt zunächst:

$$\sup_{o\leq\xi\leq\eta\leq t}\sum_{\nu=1}^{N}|d_\nu^1(z;\xi,\eta|N)|\leq\phi_a(t)\cdot\sup_{o\leq\xi\leq\eta\leq t}\sum_{\nu=1}^{N}|d_\nu^1(z;\xi,\eta|N)|+\varepsilon$$

und damit

$$\sup_{o\leq\xi\leq\eta\leq t}\sum_{\nu=1}^{N}|d_\nu^1(z;\xi,\eta|N)|\leq\varepsilon/(1-\phi_a(t)),$$

sowie mit einer nicht negativen, nur von t abhängigen Funktion K:

$$\sup_{o\leq\xi\leq\eta\leq t}\sum_{\nu=1}^{N}|d_\nu^2(z;\xi,\eta|N)|\leq\varepsilon\cdot K(t)/(1-\phi_a(t)).$$

Obwohl für die in $\phi_a \in \mathfrak{B}_1$ geforderte Eigenschaft $\zeta_a=\infty$ wesentlich für die soeben gegebene Abschätzung und den folgenden Satz zu sein scheint, ist sie dennoch auch hier im Prinzip überflüssig. Denn in dem Fall $\zeta_a<\infty$ sind die Funktionen $u_\nu^1(z;.|N)$, $u_\nu^2(z;\cdot|N)$ und $u_\nu^1(z;\cdot)$ sowie $u_\nu^2(z;\cdot)$ höchsten für $o\leq\xi\leq\eta<\zeta_a$ interessant, so daß dann für diese Bereiche eine entsprechende Aussage hergeleitet werden kann.

Hat man die ebenfalls in $\phi_a,\phi_b \in \mathfrak{B}_1$ geforderte Stetigkeit der Dichten φ_a und φ_b nicht, so kann der folgende Satz nur mit der Einschränkung auf die "Konvergenz fast überall", indem man Konvergenzsätze für das Lebesguesche Integral heranzieht, gesichert werden.

<u>Satz 9:</u>

Sind $\phi_a,\phi_b \in \mathfrak{B}_1$, $z=(n,x,y)\in \mathfrak{Z}_\infty$ gewählt, so konvergieren

(i) bei festem $\nu\in \mathbb{N}$ die Folgen

$$\{u_\nu^1(z;\xi,\eta|N);N\geq\max(\nu,n)\},\{u_\nu^2(z;\xi,\eta|N);N\geq\max(\nu,u)\}$$

(ii) die Folgen

$$\{\sum_{\nu=1}^{N} u_\nu^1(z;\xi,\eta|N);N\geq n\},\ \{\sum_{\nu=1}^{N} u_\nu^2(z;\xi,\eta|N);N\geq n\}$$

auf jedem in D gelegenen Kompaktum

(iii) die Folgen

$$\{p_\nu^z(t,N);N\geq\max(\nu,n)\},\{\varphi_r(z;t|N),\varphi_{bp}(z;t|N),\phi_r(z;t|N),\phi_{bp}(z;t|N);N\geq n\}$$

und $\{P_\nu^z(t|N);N\geq\max(\nu,n)\}$

auf jedem in $\mathbb{R}_+\cup\{o\}$ enthaltenen Kompaktung

gleichmäßig gegen die entsprechenden Größen des Bedienungskanals mit unendlichem Warteraum.

Wenn dieser Satz auch keine Aussage über die Konvergenzgeschwindigkeit enthält, so reicht er doch hin, den Bedienungskanal mit un-

endlich großem Warteraum als Näherung für Bedienungskanäle mit genügend großem Warteraum zu bestätigen.
Eine Aussage über die Konvergenzgeschwindigkeit die wir aber hier nicht aufsuchen wollen, muß sich auf eine genauere Untersuchung der Reihenreste $\sum_{k=N+1}^{\infty} u_k^1(z;\xi,\eta)$ und $\sum_{k=N+1}^{\infty} \tau_x\varphi_a \overset{t}{\underset{o}{*}} \varphi_a^{*k}$ stützen, die wegen (2oc) nur Eigenschaften von φ_a und φ_b benötigt.

Folgerung 15:

Auf Grund dieses Satzes gelten im Fall des Bedienungskanals mit unendlichem Warteraum die Darstellungen

$$\begin{aligned}\phi_r(z;t) &= \int_o^t (1-\phi_a(t-\zeta))\tau_y\phi_b(\zeta)(\tau_x\varphi_a \overset{\zeta}{\underset{o}{*}} \sum_{k=o}^{\infty} \varphi_a^{*k})d\zeta \\ &- \int_o^t (1-\phi_a(t-\zeta_1))\int_o^{\zeta_1} (1-\phi_b(\zeta_2))u^1(z;\zeta_2,\zeta_1)d\zeta_2 d\zeta_1 \quad \text{sowie}\end{aligned} \tag{27a}$$

$$\begin{aligned}\phi_{bp}(z;t) &= \tau_y\phi_b \overset{t}{\underset{o}{*}}\varphi_b^{*n-1} + \sum_{\nu=o}^{n=2} \int_o^t (1-\phi_b(t-\zeta))(\tau_y\varphi_b \overset{\zeta}{\underset{o}{*}}\varphi_b^{*\nu})\tau_x\phi_a(\zeta)d\zeta \\ &- \int_o^t (1-\phi_b(t-\zeta_2))\int_o^{\zeta_2} (1-\phi_a(\zeta_1))u^2(z;\zeta_1,\zeta_2)d\zeta_1 d\zeta_2 \quad \text{mit}\end{aligned} \tag{27b}$$

$u^1(z;\xi,\eta) := \sum_{\nu=1}^{\infty} u_\nu^1(z;\xi,\eta)$ und $u^2(z;\xi,\eta) := \sum_{\nu=1}^{\infty} u_\nu^2(z;\xi,\eta)$ in D.

Wir wollen uns nun den Vereinfachungen zuwenden, die sich für die Fälle $\phi_a(t)=1-e^{-\lambda t}(\lambda>o, t\in\mathfrak{T}), \phi_b\in\mathfrak{B}_1$ und $\phi_a\in\mathfrak{B}_1, \phi_b(t)=1-e^{-\mu t}(\mu>o, t\in\mathfrak{T})$ ergeben.

6. Die Spezialfälle exponentiell verteilter Zwischenankunfts- oder Bedienungsspannen.

Eine Analyse dieser Spezialfälle muß von den Bestimmungsgleichungen der u_ν^1 und u_ν^2 ausgehen.
Wir betrachten zunächst den Fall des unendlichen Warteraumes und

stützen uns auf die hierfür gesicherten Relationen (14a-b) die mit den Bezeichnungen (16) zu den additiven Wiener-Hopf-Gleichungen

$$u_\nu^+(z;s,\check{s})+v_\nu^-(z;s,\check{s})=o$$

für $\nu=1$,

$$(u_\nu^+(z;s,\check{s})-\varphi_a^+(s)u_{\nu-1}^+(z;s,\check{s}))+v_\nu^-(z;s,\check{s})=\varphi_a^+(s)u_{\nu-1}^-(z;s,\check{s})+$$
$$+\tau_x\varphi_a^+(s)q_y^-(n-\nu;s-\check{s})$$

für $\nu\in\mathbb{N}-\{1\}$ (28a)

bzw.

$$(u_\nu^-(z;s,\check{s})-\varphi_b^-(s-\check{s})u_{\nu+1}^-(z;s,\check{s}))+v_\nu^+(z;s,\check{s})=\varphi_b^-(s-\check{s})u_{\nu+1}^+(z;s,\check{s})+$$
$$+\tau_y\varphi_b^-(s-\check{s})q_x^+(\nu-n;s)$$

für $\nu\in\mathbb{N}$ (28b)

führen.

Hieraus gewinnen wir mit der Wiener-Hopf-Technik die gesicherten Auflösungsformeln:

$$u_\nu^+(z;s,\check{s})=o$$

für $\nu=1$

$$u_\nu^+(z;s,\check{s})=\varphi_a^+(s)u_{\nu-1}^+(z;s,\check{s})-\frac{1}{2\pi i}\int_{\alpha-i\infty}^{\alpha+i\infty}\frac{\varphi_a^+(\omega)u_{\nu-1}^-(z;\omega,\check{s})+\tau_x\varphi_a^+(\omega)q_y^-(n-\nu;\omega-}{\omega-s}$$

für $\nu\in\mathbb{N}-\{1\}$, $Re(\omega)=\alpha>Re(s)>o$ (28c)

und

$$u_\nu^-(z;s,\check{s})=\varphi_b^-(s-\check{s})u_{\nu+1}^-(z;s,\check{s})$$
$$-\frac{1}{2\pi i}\int_{\alpha-i\infty}^{\alpha-i\infty}\frac{\varphi_b^-(\omega-\check{s})u_{\nu+1}^+(z;\omega,\check{s})+\tau_y\varphi_b^-(\omega-\check{s})q_x^+(\nu-n;\omega)}{s-\omega}$$

für $\nu\in\mathbb{N}$, $Re(\omega)=\alpha<Re(s)<\check{s}$ (28d)

Diese können wir in unseren Spezialfällen durch Residuenrechnung zu unserem Vorteil auswerten:

Da für $\phi_a(t)=1-e^{-\lambda t}(\lambda>o, t\in\mathfrak{T})$ $\varphi_a^+(s)=\tau_x\varphi_a^+(s)=\frac{\lambda}{s+\lambda}$

für $\phi_b(t)=1-e^{-ut}(\mu>o, t\in\mathfrak{T})\varphi_b^-(s-\check{s})=\tau_y\varphi_b^-(s-\check{s})=\frac{-\mu}{s-(\check{s}+\mu)}$

gelten, erhalten wir im ersten Fall aus (28c)

$u_\nu^+(z;s,\check{s})=o$

für $\nu=1$

$= \frac{\lambda}{s+\lambda}\, u_{\nu-1}^+(z;s,\check{s})+\frac{\lambda}{s+\lambda}\,[u_{\nu-1}^-(z;-\lambda,\check{s})+q_y^-\,(n-\nu;-\lambda-\check{s})]$

für $\nu\in\mathbb{N}-\{1\}$, $Re(s)>o$, $\check{s}>o$, (28e)

im zweiten Fall aus (28d)

$u_\nu^-(z;s,\check{s})=\frac{-\mu}{s-(\check{s}+\mu)}\quad u_{\nu+1}^-(z;s,\check{s})+\frac{-\mu}{s-(\check{s}+\mu)}[u_{\nu+1}^+(z;\check{s}+\mu,\check{s})+q_x^+(\nu-n;\check{s}+\mu)]$

für $\nu\in\mathbb{N}$, $Re(s)<\check{s}$, (28f)

Wir wollen uns nun allein auf (28e) konzentrieren und später auf (28f) zurückkommen:

(28e) läßt sich rekursiv für $\nu\in\mathbb{N}$ zu

$$u_\nu^+(z;s,\check{s})=\sum_{k=1}^{\nu-1}\left(\frac{\lambda}{s+\lambda}\right)^{\nu-k}[u^-_k(z;-\lambda,\check{s})+q_y(n-1-k;-\lambda-\check{s})] \tag{29a}$$

aufbereiten und sofort bezüglich s zurücktransformieren:

$$u_\nu^1(z;\xi,\check{s})=\sum_{k=1}^{\nu-1}\frac{\lambda e^{-\lambda\xi}(\lambda\xi)^{\nu-1-k}}{(\nu-1-k)!}[e^{-\check{s}\xi}u^-_k(z;-\lambda,\check{s})+e^{-\check{s}\xi}q^-_y(n-1-k;-\lambda-\check{s})] \tag{29b}$$

Es gilt aber wegen des Fubinischen Satzes:

$$u^-_k(z;-\lambda,\check{s})=\int_0^\infty e^{-\lambda\xi}u_\nu^2(z;\xi,\check{s})\,d\xi=\int_0^\infty e^{-\lambda\xi}\int_\xi^\infty e^{-\check{s}\eta}u_\nu^2(z;\xi,\eta)\,d\eta\, d\xi$$

$$=\int_0^\infty e^{-\check{s}\eta}\int_0^\eta e^{-\lambda\xi}u_\nu^2(z;\xi,\eta)\,d\xi\, d\eta$$

und eine weitere Rücktransformation bezüglich $\check{s}$ liefert in D für $\nu\in\mathbb{N}$:

$$u_\nu^1(z;\xi,\eta)=\sum_{k=1}^{\nu-1}\frac{\lambda e^{-\lambda\xi}(\lambda\xi)^{\nu-1-k}}{(\nu-1-k)!}\left[\int_0^{\eta-\xi}e^{-\lambda\zeta}u_k^2(z;\zeta,\eta-\xi)\,d\zeta+e^{-\lambda(\eta-\xi)}q_y(n-1-k,\eta-\xi)\right].$$

Wir setzen nun

$$u_\nu^b(z;t):=\int_0^t e^{-\lambda\zeta}u_\nu^2(z;\zeta,t)\,d\zeta+e^{-\lambda t}q_y(n-1-\nu;t)\quad \text{für } \nu\in\mathbb{N} \tag{29c}$$

und erhalten so einerseits die Darstellung

$$u_\nu^1(z;\xi,\eta)=\sum_{k=1}^{\nu-1}\frac{\lambda e^{-\lambda\xi}(\lambda\xi)^{\nu-1-k}}{(\nu-1-k)!}u_k^b(z;\eta-\xi) \quad \text{in } D \text{ für } \nu\in\mathbb{N} \tag{29d}$$

und andererseits

$$u_\nu^b(z;t)=\sum_{k=1}^{\nu+1}\int_o^t u_k^b(z;t-\xi)(\varphi_b(\xi)e^{-\lambda\xi}\frac{(\lambda\xi)^{\nu+1-k}}{(\nu+1-k)!})d\xi \quad \text{für } 1\le\nu<n-1,\nu\in\mathbb{N}$$

$$=\sum_{k=1}^{\nu+1}\int_o^t u_k^b(z;t-\xi)(\varphi_b(\xi)e^{-\lambda\xi}\frac{(\lambda\xi)^{\nu+1-k}}{(\nu+1-k)!})d\xi+\tau_y\varphi_b(t)e^{-\lambda t}\frac{(\lambda t)^{\nu+1-n}}{(\nu+1-n)!}$$

für $\nu\ge n-1$, $\nu\in\mathbb{N}$ (29e)

ein Volterasches Integralgleichungssystem vom Faltungstyp. Standardschlüsse mit Hilfe des Banachschen Fixpunktsatzes - man kopiere den Beweis von Satz 8a - zeigen, daß (29c) genau ein Lösungssystem, stetiger, nichtnegativer Funktionen besitzt, die Grenzwerte der monoton wachsend und auf Kompakta von $\mathbb{R}^+\cup\{o\}$ gleichmäßig konvergierenden Iterationsfolge der Inhomogenitäten sind. Zudem konvergiert die aus den Lösungen gebildete Reihe auf kompakten Bereichen von $\mathbb{R}^+\cup\{o\}$ absolut und gleichmäßig. Darüber hinaus sind die Lösungen für $\check{s}>o$ Laplace-transformierbar, mit

$$\check{u}_\nu^b(z;\check{s})=u_\nu^-(z;-\lambda,\check{s})+q_y^-(n-1-\nu,-\lambda-\check{s}),$$

und die Reihe dieser Laplacetransformierten konvergiert für $\check{s}>o$ und stellt die Laplacetransformierte der Reihe $\sum_{\nu=1}^{\infty}u_\nu^b(z;t)$ dar.

Es existiert daher für $|\zeta|\le 1$, $\zeta\in\mathbb{C}$ und $\check{s}>o$

$$\check{u}_\nu^b(z;\check{s}|\zeta) := \sum_{\nu=1}^{\infty}\check{u}_\nu^b(z;\check{s})\zeta^{\nu-1}$$

und genügt - eine Folgerung aus (29e) - den Gleichungen

$$\{\zeta-\check{\varphi}_b(\check{s}+\lambda(1-\zeta))\}\check{u}^b(z;\check{s}|\zeta)+\check{u}_1^b(z;\check{s})\check{\varphi}_b(\check{s}+\lambda)=\tau_y\check{\varphi}_b(\check{s}+\lambda(1-\zeta))-\tau_y\check{\varphi}_b(\check{s}+\lambda),$$

wenn $n=1$

$$=\zeta^{n-1}\tau_y\check{\varphi}_b(\check{s}+\lambda(1-\zeta)),$$

wenn $n>1$

und (29f)

$$\{\zeta-\check{\varphi}_b(\check{s}+\lambda(1-\zeta))\}\{u^b(\overset{*}{z};\check{s}|\zeta)+1\}+\check{\varphi}_b(\check{s}+\lambda)\{\check{u}_1^b(\overset{*}{z};\check{s})+1\}=\zeta,\text{ wenn } \overset{*}{z}=z(1,o,o).$$

Aus dieser Beziehung wollen wir einige Aussagen herleiten, deren nutzbringende Bedeutung erst später offenbar wird.

Dazu engen wir vorübergehend die Klasse der zulässigen Verteilungsfunktionen ein auf die Klasse $\mathfrak{B}_2$, die Klasse der Verteilungsfunktionen von $\mathfrak{B}_1$, die ein endliches Moment erster Ordnung besitzen (wir hatten sie in einem vorangegangenen Abschnitt schon einmal benötigt),

und bemerken:

Sind $\Phi_a, \Phi_b \in \mathfrak{B}_2$, so gehören auch $\tau_x\Phi_a$ und $\tau_y\Phi_b$ zu dieser Klasse, deren Momente erster Ordnung wir hier und in der Folge mit

$$\frac{1}{\lambda_a(x)} := \int_o^\infty t\tau_x\varphi_a(t)dt = \int_o^\infty (1-\tau_x\Phi_a(t))dt = \frac{\int_x^\infty (1-\Phi_a(t))dt}{1-\Phi_a(x)} > o \quad \text{und} \tag{3oa}$$

$$\frac{1}{\lambda_b(y)} := \int_o^\infty t\tau_y\varphi_b(t)dt = \int_o^\infty (1-\tau_y\Phi_b(t)dt = \frac{\int_y^\infty (1-\Phi_b(t))dt}{1-\Phi_b(y)} > o$$

bezeichnen wollen.

In unseren beiden Spezialfällen ist entweder $\frac{1}{\lambda_a(x)} = \frac{1}{\lambda}$ oder $\frac{1}{\lambda_b(y)} = \frac{1}{\mu}$ für jede Wahl von $x \geq o$ und $y \geq o$.

Die angekündigten Aussagen stützen sich auf einen funktionentheoretischen Satz [Takács, 1962], den wir - an unsere Schreibweise und Voraussetzungen angepaßt - aus [Cohen, 1969] übernehmen.

<u>Lemma von Takács:</u>

Für $\Phi \in \mathfrak{B}_2$ bezeichnen: φ deren Dichte mit der Laplacetransformierten

$\check{\varphi}$ und $^1/\lambda_o$ ihr erstes Moment.

Bei beliebig, doch festem $\lambda > o$ wird für $\check{s} \geq o$ und $|\zeta| \leq 1$ durch

$g_{\check{s}}(\zeta) := \zeta - \check{\varphi}(\check{s} + \lambda(1-\zeta))$

eine Funktion mit folgendem Nullstellenverhalten beschrieben:

(i) Gelten für $\zeta(\check{s})$ die Eigenschaften "$g_{\check{s}}(\zeta(\check{s})) = o$" und "$|\zeta(\check{s})|$ minimal", so ist $\zeta(\check{s})$ für $\check{s} \geq o$ stetig.

(ii) Für $\check{s} > o$ existiert in $|\zeta| < 1$ genau eine Nullstelle von $g_{\check{s}}$.

(iii) Für $\check{s} = o$ ist $\zeta_o = 1$ eine Nullstelle und aus $g_{\check{s}}(\zeta_o) = o$, $|\zeta_o| = 1$ folgen notwendig $\check{s} = o$ und $\zeta_o = 1$; für $\lambda \neq \lambda_o$ ist $\zeta_o = 1$ einfache, für $\lambda = \lambda_o$ zweifache Nullstelle.

(iv) Für $\check{s} = o$ und $\lambda \leq \lambda_o$ existiert in $|\zeta| < 1$ keine Nullstelle von $g_{\check{s}}$, für $\check{s} = o$ und $\lambda > \lambda_o$ existiert in $|\zeta| < 1$ genau eine Nullstelle, die zudem positiv reell ist.

Die Anwendung dieses Lemmas ergibt:

<u>Satz 10a:</u>

Unter der Voraussetzung $\phi_b \in \mathfrak{B}_2$ gelten:

(i) Für $\check{s} > o$:

$$\check{u}_1^b(z;\check{s}) = \frac{\tau_y \check{\varphi}_b(\check{s}+\lambda(1-\zeta(\check{s}))) - \tau_y \check{\varphi}_b(\check{s}+\lambda)}{\check{\varphi}_b(\check{s}+\lambda)} \quad \text{, wenn } n=1 \text{ in } z=(n,x,y) \in \mathfrak{Z}_\infty$$

$$= \frac{(\zeta(\check{s}))^{n-1} \tau_y \check{\varphi}_b(\check{s}+\lambda(1-\zeta(\check{s})))}{\check{\varphi}_b(\check{s}+\lambda)} \quad \text{, wenn } n>1 \text{ in } z=(n,x,y) \in \mathfrak{Z}_\infty$$

(31a

$$\check{u}_1^b(z^*;\check{s}) = \frac{\zeta(\check{s}) - \check{\varphi}_b(\check{s}+\lambda)}{\check{\varphi}_b(\check{s}+\lambda)} \quad \text{, wenn } z=z^*=(1,o,o) \in \mathfrak{Z}_\infty$$

$$\check{u}^b(z;\check{s}|\zeta) = \frac{\zeta^{n-1} \tau_y \check{\varphi}_b(\check{s}+\lambda(1-\zeta)) - (\zeta(\check{s}))^{n-1} \tau_y \check{\varphi}_b(\check{s}+\lambda(1-\zeta(\check{s})))}{\zeta - \check{\varphi}_b(\check{s}+\lambda(1-\zeta))}$$

, wenn $n \in \mathbb{N}$, $\zeta \neq \zeta(\check{s})$

(31b

$$\check{u}^b(z^*;\check{s}|\zeta) = \frac{\check{\varphi}_b(\check{s}+\lambda(1-\zeta)) - \zeta(\check{s})}{\zeta - \check{\varphi}_b(\check{s}+\lambda(1-\zeta))} \quad \text{, wenn } z=z^*,\ \zeta \neq \zeta(\check{s}).$$

(ii) Da $\zeta(\check{s})$ stetig von $\check{s}$ abhängt, existieren die endlichen Grenzwerte

$$\lim_{\check{s}\downarrow o} \check{u}_1^b(z;\check{s}) = \frac{1-\tau_y\check{\varphi}_b(\lambda)}{\check{\varphi}_b(\lambda)} \quad \text{, wenn } n=1 \text{ in } z=(n,x,y)\in\mathcal{Z}_\infty \text{ und } \frac{\lambda}{\lambda_b(o)}\leq 1$$

$$= \frac{1}{\check{\varphi}_b(\lambda)} \quad \text{, wenn } n>1 \text{ in } z=(n,x,y)\in\mathcal{Z}_\infty \text{ und } \frac{\lambda}{\lambda_b(o)}\leq 1$$

$$= \frac{1-\check{\varphi}_b(\lambda)}{\check{\varphi}_b(\lambda)} \quad \text{, wenn } z=z^*=(1,o,o)\in\mathcal{Z}_\infty \text{ und } \frac{\lambda}{\lambda_b(o)}\leq 1 \tag{31c}$$

$$= \frac{\tau_y\check{\varphi}_b(\lambda(1-\zeta(o)))-\tau_y\check{\varphi}_b(\lambda)}{\check{\varphi}_b(\lambda)}$$

$$\text{, wenn } n=1 \text{ in } z=(n,x,y)\in\mathcal{Z}_\infty \text{ und } \frac{\lambda}{\lambda_b(o)}>1$$

$$= \frac{(\zeta(o))^{n-1}\tau_y\check{\varphi}_b(\lambda(1-\zeta(o)))}{\check{\varphi}_b(\lambda)}$$

$$\text{, wenn } n>1 \text{ in } z=(n,x,y)\in\mathcal{Z}_\infty \text{ und } \frac{\lambda}{\lambda_b(o)}>1$$

$$= \frac{\zeta(o)-\check{\varphi}_b(\lambda)}{\check{\varphi}_b(\lambda)} \text{, wenn } z=z^*=(1,o,o)\in\mathcal{Z}_\infty \text{ und } \frac{\lambda}{\lambda_b(o)}>1$$

sowie für $|\zeta|<1$, $\zeta\neq\zeta(o)$ die endlichen Grenzwerte

$$\lim_{\check{s}\downarrow o} \check{u}^b(z;\check{s}|\zeta) = \frac{\zeta^{n-1}\tau_y\check{\varphi}_b(\lambda(1-\zeta))-1}{\zeta-\check{\varphi}_b(\lambda(1-\zeta))} \quad \text{, wenn } z=(n,x,y)\in\mathcal{Z}_\infty \text{ und } \frac{\lambda}{\lambda_b(o)}\leq 1$$

$$= \frac{\check{\varphi}_b(\lambda(1-\zeta))-1}{\zeta-\check{\varphi}_b(\lambda(1-\zeta))} \quad \text{, wenn } z=z^*=(1,o,o) \text{ und } \frac{\lambda}{\lambda_b(o)}\leq 1$$

$$= \frac{\zeta^{n-1}\tau_y\check{\varphi}_b(\lambda(1-\zeta))-(\zeta(o))^{n-1}\tau_y\check{\varphi}_b(\lambda(1-\zeta(o)))}{\zeta-\check{\varphi}_b(\lambda(1-\zeta))}$$

$$\text{, wenn } z=(n,x,y)\in\mathcal{Z}_\infty \text{ und } \frac{\lambda}{\lambda_b(o)}>1$$

$$= \frac{\check{\varphi}_b(\lambda(1-\zeta))-\zeta(o)}{\zeta-\check{\varphi}_b(\lambda(1-\zeta))} \quad \text{, wenn } z=z^*=(1,o,o) \text{ und } \frac{\lambda}{\lambda_b(o)}>1,$$

sodaß für $\nu \in \mathbb{N}$ die Laplacetransformierten von $u_\nu^b(z;t)$ auch für $\check{s}=o$ absolut konvergieren, also alle Integrale $\int_o^\infty u_\nu^b(z;t)dt$ existieren.

(iii) Es existieren weiter für $\zeta \uparrow 1$ $(o<\zeta<1)$ die Grenzwerte

$$\lim_{\zeta\uparrow 1} \lim_{\check{s}\downarrow o} u^b(z;\check{s}|\zeta) = \frac{n-1+\frac{\lambda}{\lambda_b(y)}}{1-\frac{\lambda}{\lambda_b(o)}} \quad , \text{ wenn } z=(n,x,y)\in \mathfrak{Z}_\infty \text{ und } \frac{\lambda}{\lambda_b(o)} <$$

$$= \frac{\frac{\lambda}{\lambda_b(o)}}{1-\frac{\lambda}{\lambda_b(o)}} \quad , \text{ wenn } z=z^*=(1,o,o) \text{ und } \frac{\lambda}{\lambda_b(o)} <1 \tag{31d}$$

$$= +\infty \quad , \text{ wenn } z=(n,x,y)\in \mathfrak{Z}_\infty \text{ und } \frac{\lambda}{\lambda_b(o)} \geq 1$$

und es konvergiert somit

$$\sum_{\nu=1}^\infty \int_o^\infty u_\nu^b(z;t)dt \quad \text{für } \frac{\lambda}{\lambda_b(o)} <1$$

und divergiert für $\frac{\lambda}{\lambda_b(o)} \geq 1$.

Beweis:

Die Formeln in (i), (ii) ergeben sich durch einfache Rechnungen unter Verwendung des Lemmas von Takács. Da aber alle $u_\nu^b(z;t)$ nicht negativ sind, erlaubt der Levische Satz über monotone Konvergenz die Vertauschung von "$\lim\limits_{\check{s}\downarrow o}$" sowohl mit der Integration in $\int_o^\infty e^{-\check{s}t} u_\nu^b(z;t)dt$ als auch mit der Reihenbildung in $\sum\limits_{\nu=1}^\infty \check{u}_\nu^b(z;\check{s})\zeta^{\nu-1}$ - aufgefaßt als Integral bezüglich des Maßes, das jedem $\nu\in\mathbb{N}$ den Wert $\zeta^{\nu-1}$ zuordnet,- und ebenso die Vertauschung von "$\lim\limits_{\zeta\uparrow 1}$" mit der Reihenbildung in $\sum\limits_{\nu=1}^\infty \check{u}_\nu^b(z;o)\zeta^{\nu-1}$.

Die Formeln in (iii) werden einerseits ($\lambda<\lambda_b(o)$) mit der Regel von L'Hôpital gewonnen und andererseits ($\lambda\geq\lambda_b(o)$) auf dem Takács'schen Lemma begründet, da für $\lambda=\lambda_b$ der Zähler eine einfache, der Nenner eine zweifache Nullstelle bei $\zeta=1$ besitzt und für $\lambda>\lambda_b(o)$, der Zähler von Null verschieden ist, wenn der Nenner für $\zeta=1$ verschwindet. Dabei zeigen dann zusätzliche Betrachtungen der Ableitungen von Zähler und Nenner, daß Divergenz nach $+\infty$ vorliegt.

Folgerung 16:

Existiert für $\phi_b\in\mathfrak{B}_2$ auch das zweite Moment $\int\limits_o^\infty t^2\varphi_b(t)dt$, und wird

$$\sigma_b^2 := \int\limits_o^\infty \left(t^2 - \frac{1}{(\lambda_b(o))^2}\right)\varphi_b(t)dt \tag{32a}$$

gesetzt, so liefert für $\lambda<\lambda_b(o)$ wieder die Regel von L'Hôpital:

$$\sum_{\nu=1}^\infty \nu\int\limits_o^\infty u_\nu^b(z^*;t)dt = \frac{\frac{\lambda}{\lambda_b(o)}}{1-\frac{\lambda}{\lambda_b(o)}} + \frac{\left(\frac{\lambda}{\lambda_b(o)}\right)^2 + \lambda^2\sigma_b^2}{2\left(1-\frac{\lambda}{\lambda_b(o)}\right)^2} \tag{32b}$$

Wir bemerken, daß Satz 10a für $\lambda\geq\lambda_b(o)$ die Divergenz von der in (32b) betrachteten Reihe zur Folge hat.

Folgerung 17:

Die Funktionen $\check{u}_\nu^b(z) := \int\limits_o^\infty u_\nu^b(z;t)dt$ sind eindeutig bestimmt und rekursiv berechenbar aus (31c) und

$\check{u}_1^b(z) = \lim\limits_{\check{s}\downarrow o} u_1^b(z;\check{s})$ sowie

$$\check{u}_{\nu+1}^b(z) = \frac{1}{\check{\varphi}_b(\lambda)}\left\{\check{u}_\nu^b(z) - \sum_{k=1}^{\nu}\check{u}_k^b(z)\int\limits_o^\infty e^{-\lambda t}\varphi_b(t)\frac{(\lambda t)^{\nu+1-k}}{(\nu+1-k)!}dt\right\} \text{ für } 1\leq\nu<n-1 \tag{33}$$

$$= \frac{1}{\check{\varphi}_b(\lambda)}\{\check{u}^b_\nu(z) - \sum_{k=1}^{\nu} \check{u}^b_k(z)\int_o^\infty e^{-\lambda t}\varphi_b(t)\frac{(\lambda t)^{\nu+1-k}}{(\nu+1-k)!}\,dt$$

$$-\int_o^\infty e^{-\lambda t}\tau_y\varphi_b(t).\ \frac{(\lambda t)^{\nu+1-n}}{(\nu+1-n)!}\,dt\} \text{ für } \nu \geq n-1$$

Verwendet man nun die Formeln (29 c,d) zur Darstellung der Teilwahrscheinlichkeiten $Q^1_t(z;\nu,\xi,\zeta_2)$ und $Q^2_t(z,\nu,\xi_1,\xi_2)$ in den Darstellungsformeln der $\hat{p}^z_\nu(t)$, $\varphi_r(z,t)$, $\varphi_{bp}(z;t)$, $\phi_r(z;t)$ und $\phi_{bp}(z;t)$ (8c;10c;27a,b), so erhält man für $z=(n,x,y)\in\mathfrak{Z}_\infty$; $t\in\mathfrak{T}$:

$$\hat{p}^z_o(t) = \begin{Bmatrix} e^{-\lambda t}\tau_y\phi_b(t) \\ o \end{Bmatrix} + \int_o^t e^{-\lambda\zeta}\phi_b(\zeta)u^b_1(z;t-\zeta)d\zeta \quad , \begin{matrix} n=1 \\ n\in\mathbb{N}-\{1\} \end{matrix} \tag{34a}$$

$$\hat{p}^z_\nu(t) = \begin{Bmatrix} e^{-\lambda t}\frac{(\lambda t)^{\nu-n}}{(\nu-n)!}(1-\tau_y\phi_b(t)) \\ o \end{Bmatrix} + \sum_{k=1}^{\nu}\int_o^t e^{-\lambda\zeta}\frac{(\lambda\zeta)^{\nu-k}}{(\nu-k)!}(1-\phi_b(\zeta))u^b_k(z;t-\zeta)d\zeta, \quad \begin{matrix} 1\leq n\leq\nu,\ \nu\in\mathbb{N},\ n\in\mathbb{N} \\ n>\nu,\ \nu\in\mathbb{N},\ n\in\mathbb{N} \end{matrix}$$

$$\varphi_r(z,t) = \begin{Bmatrix} \lambda e^{-\lambda t}\tau_y\phi_b(t) \\ o \end{Bmatrix} + \int_o^t \lambda e^{-\lambda\zeta}\phi_b(\zeta)u^b_1(z;t-\zeta)d\zeta \quad , \begin{matrix} n=1 \\ n\in\mathbb{N}-\{1\} \end{matrix} \tag{34b}$$

$$\varphi_{bp}(z;t) = \begin{Bmatrix} e^{-\lambda t}\tau_y\varphi_b(t) \\ o \end{Bmatrix} + \int_o^t e^{-\lambda\zeta}\varphi_b(\zeta)u^b_1(z;t-\zeta)d\zeta \quad , \begin{matrix} n=1 \\ n\in\mathbb{N}-\{1\} \end{matrix}$$

$$\phi_r(z;t) = \int_o^t \lambda e^{-\lambda\zeta}\{\tau_y\phi_b(t-\zeta) - \int_o^{t-\zeta}(1-\phi_b(\eta))u^b(z;t-\zeta-\eta)d\eta\}d\zeta \quad , n\in\mathbb{N} \tag{34c}$$

$$\phi_{bp}(z;t) = \tau_y\phi_b(t) - \int_o^t (1-\phi_b(\zeta))u^b(z;t-\zeta)d\zeta \quad , n\in\mathbb{N}$$

wobei $u^b(z;t) = \sum_{\nu=1}^{\infty} u_\nu^b(z;t)$ gesetzt ist.

Damit sind die uns interessierenden, das Modell charakterisierenden Wahrscheinlichkeiten allein auf die Lösungen des Volterraschen Integralgleichungssytem von Faltungstyp aufgebaut und sind einer Berechnung durch Iterationsverfahren zugänglich. Die vorstehenden Untersuchungen aber, die wir in Satz 10a, Folgerung 16 und Folgerung 17 unter der Voraussetzung $\phi_b \in \mathfrak{B}_2$ formulierten, gestatten zudem folgende Aussagen:

Folgerung 18:

(i) Zunächst besagt Formel (34c):

Mit $\varphi_a(t)=\lambda e^{-\lambda t}$ und $\phi_b \in \mathfrak{B}_1$ hat ϕ_r die Darstellung

$$\phi_r = \varphi_a * \phi_{bp}, \tag{35}$$

d.h. $\mathfrak{b}_1^r - \mathfrak{b}_1^{bp}$, die erste Leerlaufspanne des Bedienungsschalters, (und damit alle Leerlaufspannen) ist negativ exponentiell mit Parameter λ verteilt und von der (jeweiligen) "busy period $\mathfrak{b}^{bp}$" stochastisch unabhängig. Das Bedienungsgesetz ϕ_b hat keinen Einfluß auf die Größe der Leerlaufspanne.

(ii) Es gelten unter der Voraussetzung $\phi_b \in \mathfrak{B}_2$:

$$\lim_{t\to\infty} \phi_r(z;t) = \int_0^{\infty} \varphi_r(z;t)dt = \lim_{t\to\infty} \phi_{bp}(z;t) = \int_0^{\infty} \varphi_{bp}(z;t)dt$$

$$= \begin{cases} 1 & ,\text{wenn } \lambda \le \lambda_b(o), \\ (\zeta(o))^{n-1}\tau_y \check{\varphi}_b(\lambda(1-\zeta(o))), & \text{wenn } \lambda > \lambda_b(o), \end{cases}$$

und ϕ_r, $\phi_{bp} \in \mathfrak{B}_2$ genau dann, wenn $\lambda < \lambda_b(o)$.

(iii) Unter der Voraussetzung $\lambda < \lambda_b(o)$ besitzen die ersten Momente von ϕ_r und ϕ_{bp} folgende Darstellungen für $z \in \mathfrak{Z}_\infty$:

$$\frac{1}{\lambda_{bp}(z)} := \int_0^\infty (1-\phi_{bp}(z,t))dt = \frac{1}{\lambda_b(y)} + \frac{1}{\lambda_b(o)} \sum_{\nu=1}^\infty \overset{\vee b}{u}_\nu(z) =$$

$$= \frac{\frac{1}{\lambda_b(y)} + (n-1)\frac{1}{\lambda_b(o)}}{1-\frac{\lambda}{\lambda_b(o)}} \qquad (36a)$$

$$\frac{1}{\lambda_r(z)} := \int_0^\infty (1-\phi_r(z,t))dt = \frac{1}{\lambda} + \frac{1}{\lambda_{bp}(z)} = \frac{\frac{1}{\lambda} + \frac{1}{\lambda_b(y)} + (n-2)\frac{1}{\lambda_b(o)}}{1-\frac{\lambda}{\lambda_b(o)}} \qquad (36b)$$

mit den Spezialfällen:

$$\frac{1}{\lambda_{bp}(z^*)} = \frac{\frac{1}{\lambda_b(o)}}{1-\frac{\lambda}{\lambda_b(o)}}, \quad \frac{1}{\lambda_r(z^*)} = \frac{\frac{1}{\lambda}}{1-\frac{\lambda}{\lambda_b(o)}}, \qquad (36c)$$

sodaß sich für $k>1$ der Erwartungswert von $\mathfrak{d}_k^{bp}$ zu dem Erwartungswert von $\mathfrak{d}_k^r$ wie $\frac{1}{\lambda_b(o)}$ zu $\frac{1}{\lambda}$ verhält.

(iv) Es existieren für alle $\nu \in \mathbb{N} \cup \{o\}$ die Integrale $\int_0^\infty \hat{p}_\nu^z(t)dt$, wenn $\phi_b \in \mathfrak{B}_2$ und besitzen folgende Werte:

$\int_0^\infty \hat{p}_o^z(t)dt = \frac{1}{\lambda}$ wenn $\lambda \leq \lambda_b(o)$ und $\int_0^\infty \hat{p}_o^z(t)dt = \frac{(\zeta(o))^{n-1}}{\lambda} \tau_y \check{\varphi}_b(\lambda(1-\zeta(o)))$, wenn $\lambda > \lambda_b(o)$

$$\int_0^\infty \hat{p}_\nu^z(t)dt = \begin{cases} \frac{1}{\lambda}[\overset{\vee b}{u}_\nu(z)-1], & 1 \leq \nu < n, \quad n \in \mathbb{N}, \quad \nu \in \mathbb{N} \\ \frac{1}{\lambda}\overset{\vee b}{u}_\nu(z), & \nu \geq n, \quad n \in \mathbb{N}, \quad \nu \in \mathbb{N}, \end{cases} \qquad (37)$$

wobei die $\overset{\vee b}{u}_\nu(z)$ durch (33) eindeutig gegeben sind.

Diese Folgerung gewinnen wir durch Anwendung einfacher Sätze (Faltungssatz Differentiationssatz) der Theorie der Laplacetransformation auf (34a-c) wobei (33) wesentlich ausgenutzt wird.

Die in (37) dargestellten und in diesem Zusammenhang unmotivierten Ergebnisse werden sich im nächsten Kapitel erst in ihrer wesentlichen Bedeutung zeigen.

Wir kommen nun auf den in (28f) begonnenen Spezialfall $\phi_a \in \mathfrak{B}_1$, $\phi_b(t)=1-e^{-\mu t}$; $\mu>o$, $t\in\mathfrak{T}$ zurück und erhalten - wir beachten die Konvergenz der Reihe $\sum_{\nu=1}^{\infty} u_\nu^-(z;s,\check{s})$ - bei analogem Vorgehen

$$u_\nu^2(z;\xi,\eta)=\sum_{k=\nu}^{\infty}\frac{\mu e^{-\mu\xi}(\mu\xi)^{k-\nu}}{(k-\nu)!}\Big[\int_o^{\eta-\xi}e^{-\mu\zeta}u_{k+1}^1(z;\zeta,\eta-\xi)d\zeta+e^{-\mu(\eta-\xi)}q_x(k-n;\eta-\xi)\Big]. \tag{38a}$$

Setzen wir dann:

$$u_\nu^a(z;t) := \int_o^t e^{-\mu\zeta}u_{\nu+1}^1(z;\zeta,t)d\zeta+e^{-\mu t}q_x(\nu-n;t) \quad \text{für } \nu\in\mathbb{N}, \tag{38b}$$

so gelten auf Grund von (38a und 9b):

$$u_\nu^2(z;\xi,\eta)=\sum_{k=\nu}^{\infty}\frac{\mu e^{-\mu\xi}(\mu\xi)^{k-\nu}}{(k-\nu)!}\, u_k^a(z;\eta-\xi) \text{ in D für } \nu\in\mathbb{N} \tag{38c}$$

und für $z\in\mathfrak{Z}_\infty$, $t\in\mathfrak{T}$.

$$u_1^a(z;t)=\sum_{k=1}^{\infty}\int_o^t u_k^a(z;t-\xi)\Big(\varphi_a(\xi)e^{-\mu\xi}\frac{(\mu\xi)^k}{k!}\Big)d\xi+\tau_x\varphi_a(t)e^{-\mu t}\frac{(\mu t)^{n-1}}{(n-1)!},\, n\in\mathbb{N} \tag{38d}$$

$$u_\nu^a(z;t)=\sum_{k=\nu-1}^{\infty}\int_o^t u_k^a(z;t-\xi)\Big(\varphi_a(\xi)e^{-\mu\xi}\frac{(\mu\xi)^{k-(\nu-1)}}{(k-(\nu-1))!}\Big)d\xi$$

$$+\begin{cases}\tau_x\varphi_a(t)e^{-\mu t}\dfrac{(\mu t)^{n-\nu}}{(n-\nu)!}\,; & 2\le\nu\le n,\ \nu\in\mathbb{N},\ n\in\mathbb{N}\\[2ex] o\,; & 1\le n<\nu,\ \nu\in\mathbb{N},\ n\in\mathbb{N}\end{cases}$$

Auch dieses System besitzt ein über $\mathfrak{T}$ eindeutiges Lösungssystem, gebildet aus stetigen nichtnegativen Funktionen, die mittels des Banachschen Fixpunktsatzes sich als Grenzwerte der monoton wachsend und auf allen kompakten Bereichen von $\mathfrak{T}$ gleichmäßig konvergierenden Iterationsfolge der Inhomogenitäten gewinnen lassen. Die aus dem Lösungssystem gebildete Reihe konvergiert auf allen kompakten Bereichen ebenfalls monoton wachsend und gleichmäßig, ist, wie die Lösungen selbst, für $\check{s}>o$ absolut Laplacetransformierbar und stellt die Laplacetransformierte der Reihe der aus den Lösungen gebildeten Laplacetransformierten dar.

Damit wird (38d) in das folgende für $\check{s}>o$ transformierte System überführt:

Mit der Bezeichnung $\check{u}_\nu^a(z;\check{s})= \int_o^\infty e^{-\check{s}t}u_\nu^a(z;t)dt$ gelten:

$$\check{u}_1^a(z;\check{s})= \sum_{k=1}^\infty \check{u}_k^a(z;\check{s}) \int_o^\infty e^{-(\check{s}+\mu)t}\varphi_a(t)\,\frac{(\mu t)^k}{k!}\,dt + \int_o^\infty e^{-(\check{s}+\mu)t}\tau_x\varphi_a(t)\,\frac{(\mu t)^{n-1}}{(n-1)!}\,dt \;;\; n\in\mathbb{N} \tag{38e}$$

$$\check{u}_\nu^a(z;\check{s})= \sum_{k=\nu-1}^\infty \check{u}_k^a(z;\check{s})\int_o^\infty e^{-(\check{s}+\mu)t}\varphi_a(t)\,\frac{(\mu t)^{k-(\nu-1)}}{(k-(\nu-1))!}\,dt + \begin{cases}\int_o^\infty e^{-(\check{s}+\mu)t}\tau_x\varphi_a(t)\,\frac{(\mu t)^{n-\nu}}{(n-\nu)!}\,dt; & 2\le\nu\le n\\ o & ;\; 1\le n<\nu\end{cases}$$

und

$$\check{u}_\nu^a(z;\check{s})= u_{\nu+1}^+(z;\check{s}+\mu,\check{s})+q_x^+(\nu-n;\check{s}+\mu) \tag{38f}$$

Mit $\zeta>o$ lösen $v_\nu^a(z;\check{s},\zeta) := \check{u}_\nu^a(z;\check{s})\zeta^{-\nu}(\nu\in\mathbb{N},\check{s}>o,\ z\in\mathfrak{Z}_\infty)$ dann das System

$$v_1^a(z;\check{s},\zeta)= \sum_{k=1}^\infty v_k^a(z;\check{s},\zeta)\{\frac{1}{\zeta}\int_o^\infty e^{-(\check{s}+\mu)t}\varphi_a(t)\,\frac{(\mu t\zeta)^k}{k!}\,dt\} + \frac{1}{\zeta^n}\int_o^\infty e^{-(\check{s}+\mu)t}\tau_x\varphi_a(t)\,\frac{(\mu t\zeta)^{n-1}}{(n-1)!}\;,\; n\in\mathbb{N} \tag{38g}$$

$$v_\nu^a(z;\check{s},\zeta)= \sum_{k=\nu-1}^\infty v_k^a(z;\check{s},\zeta)\{\frac{1}{\zeta}\int_o^\infty e^{-(\check{s}+\mu)t}\varphi_a(t)\,\frac{(\mu t\zeta)^{k-(\nu-1)}}{(k-(\nu-1))!}\,dt + \begin{cases}\frac{1}{\zeta^n}\int_o^\infty e^{-(\check{s}+\mu)t}\tau_x\varphi_a(t)\,\frac{(\mu t\zeta)^{n-\nu}}{(n-\nu)!} & 2\le\nu\le n\\ o & 1\le n<\nu\end{cases}$$

Dieses unendliche Gleichungssystem hat nun, wenn man die Normfestsetzung $\|(v_\nu^a)_{\nu=1}^{\infty}\| := \sum_{K=1}^{\infty} |v_k^a(z;\check{s},\zeta)|$, $\check{s}\geq o$, $\zeta\in\mathbb{C}$, $z\in\mathfrak{Z}_\infty$ zugrundegelegt, ein eindeutig bestimmtes Lösungssystem mit notwendig konvergierender Reihe

$$\sum_{K=1}^{\infty} v_k^a(z;\check{s},\zeta),$$

wenn – man errechne die Norm der Gleichungssystemmatrix –

$$\sum_{\nu=o}^{\infty} \frac{1}{\zeta} \int_o^\infty e^{-(\check{s}+\mu)t} \varphi_a(t) \frac{(\mu t\zeta)^\nu}{\nu!} dt < 1$$

oder äquivalent

$$o<\zeta-\check{\varphi}_a(\check{s}+\mu(1-\zeta)) \tag{38h}$$

gelten.

Summiert man (38g) auf, so erhält man unter der Einschränkung $|\zeta|\leq 1+\frac{\check{s}}{\mu}$, die mit (38h) verträglich ist,

$$[\zeta-\check{\varphi}_a(\check{s}+\mu(1-\zeta))] \sum_{\nu=1}^{\infty} v_\nu^a(z;\check{s},\zeta) = \frac{1}{\zeta^{n-1}} \int_o^\infty e^{-(\check{s}+\mu)t} \,{}_{T_x}\varphi_a(t) \sum_{\nu=o}^{n-1} \frac{(\mu t\zeta)^\nu}{\nu!} dt$$

$$-w^a(z;\check{s},\zeta), \tag{38i}$$

wobei $w^a(z;\check{s},\zeta)$ eine in $|\zeta|<1+\frac{\check{s}}{\mu}$ holomorphe, in $|\zeta|\leq 1+\frac{\check{s}}{\mu}$ stetige Funktion ist.

Nun wenden wir unter der Voraussetzung $\phi_a\in\mathfrak{B}_2$ wieder das Lemma von Takács an. Dazu bezeichne $\zeta(\check{s})$ die minimale Nullstelle von $g_{\check{s}}(\zeta) := \zeta-\check{\varphi}_a(\check{s}+\mu(1-\zeta))$ in $|\zeta|\leq 1$ für $\check{s}\geq o$.

Somit gelten für $|\zeta|>|\zeta(\check{s})|$, $\check{s}>o$ und $\nu\in\mathbb{N}$ – es ist dann (38h) erfüllt – :

$$\check{u}_\nu^a(z;\check{s})\zeta^{-\nu} = v_\nu^a(z;\check{s},\zeta), \tag{38j}$$

sodaß

$$\sum_{\nu=1}^{\infty} v_\nu^a(z;\check{s},\zeta)$$

für $|\zeta|>|\zeta(\check{s})|$ holomorph ist.

Dividiert man in (38i) für $\zeta\neq\zeta(\check{s})$ durch $\zeta-\check{\varphi}_a(\check{s}+\mu(1-\zeta))$, so stellt die rechte Seite der entstandenen Gleichung die meromorphe Fort-

setzung von $\sum_{\nu=1}^{\infty} v_\nu^a(z;\check{s},\zeta)$ in den ζ-Einheitskreis dar. Da $\zeta(\check{s})$ für $\check{s}>o$ bzw. $\check{s}=o$ und $\mu\neq\lambda_a(o)$ einfache, für $\check{s}=o$ und $\lambda_a(o)=\mu$ zweifache Nullstelle ist, ist $\sum_{\nu=1}^{\infty} v_\nu^a(z;\check{s},\zeta)$ in $\zeta(\check{s})$ divergent, da Konvergenz eine entsprechende Nullstelle des Zählers der rechten Seite bedingt und $\sum_{\nu=1}^{\infty} v_\nu^a(z;\check{s},\zeta)$ damit in $\mathbb{C}-\{o\}$ holomorph wäre.
Da aber in $\zeta=o$ höchstens ein Pol der Ordnung $n-1$ vorliegt, würden für $\nu\geq n$ alle $\check{u}_\nu^a(z;\check{s})$ notwendig verschwinden, was sofort zu einem Widerspruch mit (38e) führt.

Damit steht fest:

(i) für $\check{s}=o$, $\mu\leq\lambda_a(o)$ ist wegen $\zeta(\check{s})=1$ $\sum_{\nu=1}^{\infty} v_\nu^a(z;o,1)$ divergent,

(ii) für $\check{s}=o$, $\mu>\lambda_a(o)$ ist wegen $o<\zeta(\check{s})<1$ $\sum_{\nu=1}^{\infty} v_\nu^a(z;o,1)$ konvergent,

(iii) es existieren unabhängig von der Größenbeziehung zwischen μ und $\lambda_a(o)$ für $\zeta>\zeta(o)$ für jedes $\nu\in\mathbb{N}$

$v_\nu^a(z;o,\zeta)=\lim_{\check{s}\downarrow o} v_\nu^a(z;\check{s},\zeta)=(\lim_{\check{s}\downarrow o} u_\nu^a(z;\check{s}))\zeta^{-\nu}$ und damit für jedes $\nu\in\mathbb{N}$

$\check{u}_\nu^a(z) := \int_o^\infty u_\nu^a(z;t)dt$, wobei wegen (i) und (ii)

$\sum_{\nu=1}^{\infty} \check{u}_\nu^a(z)$ divergiert für $\mu\leq\lambda_a(o)$ und für $\mu>\lambda_a(o)$ konvergiert;

(iv) für $z=z^*=(1,o,o)$ und $\check{s}>o$ hat die meromorphe Fortsetzung von $\sum_{\nu=1}^{\infty} v_\nu^a(z;\check{s},\zeta)$ im Einheitskreis nur bei $\zeta(\check{s})$ einem einfachen Pol, ist in $\zeta=o$, - wegen $n=1$ - holomorph mit Wert 1 und verschwindet in ∞.

Der Satz von Mittag-Leffler liefert dann notwendig

$$\sum_{\nu=1}^{\infty} v_\nu^a(z;\check{s},\zeta) = \frac{\zeta(\check{s})}{\zeta-\zeta(\check{s})} = \sum_{\nu=1}^{\infty} [\zeta(\check{s})]^\nu\zeta^{-\nu} \quad \text{für } |\zeta|>|\zeta(\check{s})|$$

und damit die Darstellung $u_\nu^a(z^*;\check{s})=[\zeta(\check{s})]^\nu$ sodaß

für $\mu>\lambda_a(o)$ $\quad u_\nu^a(z^*,o)=[\zeta(o)]^\nu$

für $\mu\leq\lambda_a(o)$ $\quad u_\nu^a(z^*,o)=1$ gelten.

Diese Ausführungen liefern den Beweis zu

Satz 10b:

(i) Unter der Voraussetzung $\phi_a \in \mathfrak{B}_2$ existieren die absolut konvergenten Laplacetransformierten der eindeutig bestimmten Lösungen von (38d) für $\check{s} \geq o$ und stellen für $\mu > \lambda_a(o)$ und $\check{s} \geq o$ die einzigen Lösungen von (38e) dar. In diesem Fall konvergiert die Reihe über diese Laplacetransformierten für $\check{s} \geq o$, während sie für $\mu \leq \lambda_a(o)$ nur für $\check{s} > o$ konvergiert, für $\check{s} = o$ aber divergiert.

(ii) Gilt insbesondere $z = z^* = (1,o,o)$ in (38e) so ergibt sich als Lösungssystem $\check{u}^a_\nu(z;\check{s}) = [\zeta(\check{s})]^\nu$, $(s \geq o)$,
das für $\check{s} > o$ sowie $\check{s} = o$ und $\mu > \lambda_a(o)$ eindeutig bestimmt ist. Dabei ist $\zeta(\check{s})$ die minimale Nullstelle von $g_{\check{s}}(\zeta) = \zeta - \check{\varphi}_a(\check{s} + \mu(1-\zeta))$.

Nach diesen Untersuchungen wollen wir uns jetzt wieder den Darstellungen der $\hat{p}^z_\nu(t)$, $\varphi_r(z,t)$, $\varphi_{bp}(z;t)$, $\phi_r(z;t)$ und $\phi_{bp}(z;t)$ zuwenden und erhalten aus (8c, 10c, 27a, b) sowie (38b-d):

$$\hat{p}^z_o(t) = (1 - \tau_x \phi_a(t)) + \sum_{k=1}^{\infty} \int_o^t u^a_k(z;t-\zeta)(1-\phi_a(\zeta))d\zeta -$$
$$\left\{ \sum_{\nu=o}^{n-1} e^{-\mu t} \frac{(\mu t)^\nu}{\nu!} + \sum_{k=1}^{\infty} \int_o^t u^a_k(z;t-\zeta) e^{-\mu\zeta} \frac{(\mu\zeta)^k}{k!} d\zeta \right\} \tag{39a}$$

$$\hat{p}^{z^*}_o(t) = (1-\phi_a(t)) + \sum_{k=1}^{\infty} \int_o^t u^a_k(z^*;t-\zeta)(1-\phi_a(\zeta))d\zeta -$$
$$\left\{ e^{-\mu t} + \sum_{k=1}^{\infty} \int_o^t u^a_k(z^*;t-\zeta) e^{-\mu\zeta} \frac{(\mu\zeta)^k}{k!} d\zeta \right\}$$

$$\hat{p}^z_1(t) = e^{-\mu t} \frac{(\mu t)^{n-1}}{(n-1)!} + \left\{ \sum_{k=1}^{\infty} \int_o^t u^a_k(z;t-\zeta) e^{-\mu\zeta} \frac{(\mu\zeta)^k}{k!} d\zeta \right.$$
$$\left. - \sum_{k=1}^{\infty} \int_o^t u^a_k(z;t-\zeta) e^{-\mu\zeta} \frac{(\mu\zeta)^{k-1}}{(k-1)!} d\zeta \right\} \tag{39b}$$

$$\hat{p}^{z^*}_1(t) = e^{-\mu t} + \left\{ \sum_{k=1}^{\infty} \int_o^t u^a_k(z^*;t-\zeta) e^{-\mu\zeta} \frac{(\mu\zeta)^k}{k!} d\zeta \right.$$
$$\left. - \sum_{k=1}^{\infty} \int_o^t u^a_k(z^*;t-\zeta) e^{-\mu\zeta} \frac{(\mu\zeta)^{k-1}}{(k-1)!} d\zeta \right\}$$

$$\hat{p}_\nu^z(t)=e^{-\mu t}\frac{(\mu t)^{n-\nu}}{(n-\nu)!}+\sum_{k=1}^{\infty}\int_0^t\{u^a_{k+\nu-2}(z;t-\zeta)-u^a_{k+\nu-1}(z;t-\zeta)\}\,e^{-\mu\zeta}\frac{(\mu\zeta)^{k-1}}{(k-1)!}d\zeta;\quad 2\le\nu\le n \tag{39c}$$

$$\hat{p}_\nu^z(t)=\sum_{k=1}^{\infty}\int_0^t\{u^a_{k+\nu-2}(z;t-\zeta)-u^a_{k+\nu-1}(z;t-\zeta)\}e^{-\mu\zeta}\frac{(\mu\zeta)^{k-1}}{(k-1)!}d\zeta;\nu>n$$

$$\hat{p}_\nu^{z^*}(t)=\sum_{k=1}^{\infty}\int_0^t\{u^a_{k+\nu-2}(z^*;t-\zeta)-u^a_{k+\nu-1}(z^*;t-\zeta)\}e^{-\mu\zeta}\frac{(\mu\zeta)^{k-1}}{(k-1)!}d\zeta,\ \nu>1 \tag{39d}$$

$$\sum_{\nu=0}^{\infty}\hat{p}_\nu^z(t)=(1-\tau_x\phi_a(t))+\sum_{k=1}^{\infty}\int_0^t u^a_k(z;t-\zeta)(1-\phi_a(\zeta))d\zeta,$$

$$\phi_r(z,t)=\tau_x\phi_a(t)+\sum_{k=1}^{\infty}\int_0^t u^a_k(z;t-\zeta)(1-\phi_a(\zeta))d\zeta \tag{39e}$$

$$\phi_r(z^*;t)=\phi_a(t)+\sum_{k=1}^{\infty}\int_0^t u^a_k(z^*;t-\zeta)(1-\phi_a(\zeta))d\zeta$$

$$\sum_{\nu=1}^{\infty}\hat{p}_\nu^z(t)=\sum_{\nu=0}^{n-1}e^{-\mu t}\frac{(\mu t)^\nu}{\nu!}+\sum_{k=1}^{\infty}\int_0^t u^a_k(z;t-\zeta)e^{-\mu\zeta}\frac{(\mu\zeta)^k}{k!}d\zeta$$

$$\phi_{bp}(z,t)=1-\sum_{\nu=0}^{n-1}e^{-\mu t}\frac{(\mu t)^\nu}{\nu!}-\sum_{k=1}^{\infty}\int_0^t u^a_k(z;t-\zeta)e^{-\mu\zeta}\frac{(\mu\zeta)^k}{k!}d\zeta \tag{39f}$$

$$\phi_{bp}(z^*;t)=1-e^{-\mu t}-\sum_{k=1}^{\infty}\int_0^t u^a_k(z^*;t-\zeta)e^{-\mu\zeta}\frac{(\mu\zeta)^k}{k!}d\zeta$$

<u>Folgerung 19:</u>

Unter der Voraussetzung $\phi_a\in\mathfrak{B}_2$ existieren:

(i) $\int_0^\infty\hat{p}_\nu^z(t)dt$ für $\nu\in\mathbb{N}$ mit den Darstellungen:

$$\int_0^\infty\hat{p}_1^z(t)dt=\frac{1}{\mu};\quad\int_0^\infty p_\nu^z(t)dt=\frac{1}{\mu}(1+\check{u}^a_{\nu-1}(z)),\quad 2\le\nu\le n;$$

$$\int_0^\infty\hat{p}_\nu^z(t)dt=\frac{1}{\mu}\check{u}^a_{\nu-1}(z),\quad\nu>n\quad\text{und}$$

$$\int_0^\infty\hat{p}_\nu^{z^*}(t)dt=\frac{1}{\mu}(\zeta(o))^{\nu-1}\quad\text{für }\nu\in\mathbb{N},\ z^*=(1,o,o),\quad\text{wenn }\mu>\lambda_a(o).$$

(ii) $$\frac{1}{\lambda_r(z)}=\frac{1}{\lambda_a(x)}+\sum_{k=1}^{\infty}\check{u}^a_k(z),\quad\frac{1}{\lambda_r(z^*)}=\frac{1}{\lambda_a(o)(1-\zeta(o))},\quad\text{wenn }\mu>\lambda_a(o)$$

$$=+\infty\qquad\qquad=+\infty\qquad,\text{wenn }\mu\le\lambda_a(o)$$

(iii) $\frac{1}{\lambda_{bp}(z)} = \frac{1}{\mu}[n+\sum_{k=1}^{\infty} \check{u}_k^a(z)]$, $\frac{1}{\lambda_{bp}(z^*)} = \frac{1}{\mu(1-\zeta(o))}$, wenn $\mu>\lambda_a(o)$

$= +\infty$ $\qquad\qquad = +\infty$, wenn $\mu\leq\lambda_a(o)$,

also für $\mu>\lambda_a(o)$ $\frac{\lambda_{bp}(z^*)}{\lambda_r(z^*)} = \frac{\mu}{\lambda_a(o)}$, ein Ergebnis, das auch im Fall $\phi_a(t)=1-e^{-\lambda t}$, $\phi_b\in\mathfrak{B}_2$ gültig war.

(iv) Unter der Bedingung $\mu>\lambda_a(o)$ gelten:

$$\int_0^{\infty}\hat{p}_o^z(t)dt=[\frac{1}{\lambda_a(x)}+\frac{1}{\lambda_a(o)}\sum_{k=1}^{\infty}\check{u}_k^a(z)]-\frac{1}{\mu}[n+\sum_{k=1}^{\infty}\check{u}_k^a(z)]$$

$$\int_0^{\infty}\hat{p}_o^{z^*}(t)dt=\frac{1-\frac{\lambda_a(o)}{\mu}}{\lambda_a(o)(1-\zeta(o))}.$$

Für $\mu\leq\lambda_a(o)$ ist keine direkte Aussage möglich. Es gilt jedoch in diesem Fall:

$$\lim_{\check{s}\downarrow o}\frac{\int_0^{\infty} e^{-\check{s}t}\hat{p}_o^z(t)dt}{\int_0^{\infty} e^{-\check{s}t}\sum_{\nu=o}^{\infty}\hat{p}_\nu^z(t)dt} = 1-\lim_{\check{s}\downarrow o}\frac{1}{\frac{1-\check{\varphi}_a(\check{s})}{\check{s}}}\cdot\frac{1}{\mu+\frac{\check{s}}{1-\zeta(\check{s})}} = o,$$

da man aus dem Takácsschen Lemma ohne Mühe $\lim_{s\downarrow o}\frac{\check{s}}{1-\zeta(\check{s})} = \lambda_a(o)-\mu$ gewinnen kann.

Neben diesen Ergebnissen sind noch abschließend vermerkt:

$$\varphi_r(z;t)=\tau_x\varphi_a(t)(1-e^{-\mu t}\sum_{k=o}^{n-1}\frac{(\mu t)^k}{k!})+\sum_{k=1}^{\infty}\int_0^t u_k^a(z;t-\zeta)\varphi_a(\zeta)$$

$$(1-e^{-\mu\zeta}\sum_{i=o}^{k}\frac{(\mu\zeta)^i}{i!})d\zeta \qquad (39g)$$

$$\varphi_{bp}(z;t)=\mu e^{-\mu t}\frac{(\mu t)^{n-1}}{(n-1)!}+\mu\sum_{k=1}^{\infty}\int_0^t u_k^a(z;t-\zeta)e^{-\mu\zeta}[\frac{(\mu\zeta)^k}{k!}-\frac{(\mu\zeta)^{k-1}}{(k-1)!}]d\zeta$$

Damit sind unsere Betrachtungen der Spezialfälle für den unendlichen Warteraum vorläufig abgeschlossen. Wir wenden uns nun den Spezialfällen bei endlichem Warteraum zu.

Da wir bisher sehr ausführlich in der Methode waren, können wir uns nun kürzer fassen.

Wir setzen:

$$u_\nu^b(z;t|N):=\int_o^t e^{-\lambda\zeta}u_\nu^2(z;\zeta,t|N)d\zeta+e^{-\lambda t}q_y(n-1-\nu;t|N), \qquad 1\leq\nu\leq N-1 \qquad (40a)$$

und erhalten jetzt die Darstellungen:

$$u_\nu^1(z;\xi,\eta|N)=\sum_{k=1}^{\nu-1} u_k^b(z;\eta-\xi|N)\ \frac{\lambda e^{-\lambda\xi}(\lambda\xi)^{\nu-1-k}}{(\nu-1-k)!} \qquad \text{für } 1\leq\nu\leq N-1, \nu\in\mathbb{N}, \text{ und}$$

$$(40b)$$

$$u_N^1(z;\xi,\eta|N)=\sum_{k=1}^{N-1} u_k^b(z;\eta-\xi|N)\sum_{i=N-1-k}^{\infty}\frac{\lambda e^{-\lambda\xi}(\lambda\xi)^i}{i!} \qquad \text{in } D$$

wobei die Funktionen $u_k^b(z;t|N)$ die einzigen Lösungen des folgenden Integralgleichungssystems darstellen und für $\check{s}\geq o$ absolut konvergente Laplacetransformierte $\check{u}_k^b(z;\check{s}|N)$ — $\check{u}_k^b(z|N):=\check{u}_k^b(z;o|N)$ — besitzen, die das daran anschließend gegebene Gleichungssystem ebenfalls eindeutig lösen, ohne daß ein endliches erstes Moment für ϕ_b zu fordern ist.

Das bezeichnete Integralgleichungssystem lautet:

$$u_\nu^b(z;t|N)=\sum_{k=1}^{\nu+1}\int_o^t u_k^b(z;t-\zeta|N)b_o(\nu+1-k;\zeta)d\zeta+b_y(\nu+1-n;t), \quad \text{wenn } 1\leq\nu\leq N-2$$

$$=\sum_{k=1}^{N-1}\int_o^t u_k^b(z;t-\zeta|N)b_o(N-k;\zeta)d\zeta \quad +b_y(N-n;t) \quad , \text{wenn } \nu=N-1$$

$$(40c)$$

$$\text{mit } b_y(\nu+1-n;t) = o \qquad ,\text{wenn } 1\leq\nu\leq N-2,\ \nu+1<n\leq N$$

$$= \tau_y\varphi_b(t)e^{-\lambda t}\frac{(\lambda t)^{\nu+1-n}}{(\nu+1-n)!}\ ,\text{wenn } 1\leq\nu\leq N-2,\ 1\leq n\leq\nu+1$$

$$= \tau_y\varphi_b(t)e^{-\lambda t}\sum_{i=N-n}^{\infty}\frac{(\lambda t)^i}{i!},\text{wenn } \nu=N-1,\quad 1\leq n\leq N.$$

Das entsprechende System der Laplacetransformierten hat die Gestalt:

$$\check{u}_\nu^b(z;\check{s}|N) = \sum_{k=1}^{\nu+1} \check{u}_k^b(z;\check{s}|N)\check{b}_o(\nu+1-k;\check{s}) + \check{b}_y(\nu+1-n;\check{s}) \quad , \quad 1\leq\nu\leq N-2$$

$$= \sum_{k=1}^{N-1} \check{u}_k^b(z;\check{s}|N)\check{b}_o(N-k;\check{s}) + \check{b}_y(N-n;\check{s}) \qquad \nu=N-1$$

$$\text{mit } \check{b}_y(\nu+1-k;\check{s}) = \int_0^\infty e^{-\check{s}t} b_y(\nu+1-k;t)dt. \tag{4od}$$

Satz 11a:

Für die durch (4od) eindeutig bestimmten Lösungen gilt unter der Bedingung $\check{s}=o$: Für jedes feste $\nu\in\{1,\ldots,N\}$ ist $\check{u}_\nu^b(z|N)$ von N unabhängig. Außerdem gelten $\check{u}_\nu^b(z|N) = u_\nu^b(z)$ für $\nu=1,\ldots,N$ wenn $\lambda<\lambda_b(o)$.

Beweis: Setzt man $\check{s}=o$ in (4od) und addiert man alle Gleichungen unter Verwendung der Darstellungen der $\check{b}_y(\nu+1-k;o)$ auf, so ergibt sich:

$$\check{u}_1^b(z|N) = \frac{1-\tau_y\check{\varphi}_b(\lambda)}{\check{\varphi}_b(\lambda)} \quad , \text{ wenn } n=1$$

$$= \frac{1}{\check{\varphi}_b(\lambda)} \quad , \text{ wenn } n\geq 2,$$

aus den ersten N-2 Gleichungen:

$$\check{u}_{\nu+1}^b(z|N) = \frac{1}{\check{\varphi}_b(\lambda)} \{\check{u}_\nu^b(z|N) - \sum_{k=1}^{\nu} \check{u}_k^b(z|N)\int_0^\infty e^{-\lambda t}\varphi_b(t)\frac{(\lambda t)^{\nu+1-k}}{(\nu+1-k)!}dt\} \ ;$$

$$1\leq\nu<n-1$$

$$= \frac{1}{\check{\varphi}_b(\lambda)} \{\check{u}_\nu^b(z|N) - \sum_{k=1}^{\nu} \check{u}_k^b(z|N)\int_0^\infty e^{-\lambda t}\varphi_b(t)\frac{(\lambda t)^{\nu+1-k}}{(\nu+1-k)!}dt$$

$$-\int_0^\infty e^{-\lambda t}\tau_y\varphi_b(t)\frac{(\lambda t)^{\nu+1-n}}{(\nu+1-n)!}dt\} ; n-1\leq\nu\leq N-2.$$

Dieses sind aber die in Folgerung 17 angegebenen Rekursionsformeln

(33) für die Größen $\check{u}_\nu^b(z)$, wenn dort $\lambda \leq \lambda_b(o)$ vorausgesetzt wird. Damit kann man für jede endliche Warteraumgröße die -von der Warteraumgröße N unabhängigen- Größen $\check{u}_\nu^b(z|N)$ aus (33) rekursiv berechnen. Bevor wir diese Besonderheit weiter ausnutzen, wollen wir die uns interessierenden Wahrscheinlichkeiten mit Hilfe der $u_\nu^b(z;t|N)$ darstellen:

$$\hat{p}_o^z(t|N) = \begin{cases} e^{-\lambda t}\tau_y\phi_b(t) & , n=1 \\ 0 & , 1<n\leq N \end{cases} + \int_0^t e^{-\lambda\zeta}\phi_b(\zeta)u_1^b(z;t-\zeta|N)d\zeta$$

$$\hat{p}_\nu^z|t|N) = \begin{Bmatrix} \frac{e^{-\lambda t}(\lambda t)^{\nu-n}}{(\nu-n)!} (1-\tau_y\phi_b(t)) \\ 0 \end{Bmatrix}$$

$$+ \sum_{k=1}^{\nu} \int_0^t e^{-\lambda\zeta} \frac{(\lambda\zeta)^{\nu-k}}{(\nu-k)!} (1-\phi_b(\zeta))u_k^b(z;t-\zeta|N)d\zeta \quad \begin{matrix} , 1\leq n\leq \nu\leq N-1 \\ \\ , 1\leq \nu<n\leq N \end{matrix} \tag{41a}$$

$$\hat{p}_N^z(t,N) = \sum_{k=N-n}^{\infty} e^{-\lambda t} \frac{(\lambda t)^k}{k!} (1-\tau_y\phi_b(t)) + \sum_{k=1}^{N-1} \int_0^t e^{-\lambda\zeta} \sum_{i=N-k}^{\infty} \frac{(\lambda\zeta)^i}{i!}$$

$$\cdot(1-\phi_b(\zeta))u_k^b(z;t-\zeta|N)d\zeta, \quad 1\leq n\leq N$$

$$\varphi_r(z;t|N) = \begin{Bmatrix} \lambda e^{-\lambda t}\tau_y\phi_b(t) \\ 0 \end{Bmatrix} + \int_0^t \lambda e^{-\lambda\zeta}\phi_b(\zeta)u_1^b(z;t-\zeta|N)d\zeta \quad \begin{matrix} , n=1 \\ , 1<n\leq N \end{matrix} \tag{41b}$$

$$\varphi_{bp}(z;t|N) = \begin{Bmatrix} e^{-\lambda t}\tau_y\varphi_b(t) \\ 0 \end{Bmatrix} + \int_0^t e^{-\lambda\zeta}\varphi_b(\zeta)u_1^b(z;t-\zeta|N)d\zeta \quad \begin{matrix} , n=1 \\ , 1<n\leq N \end{matrix}$$

$$\phi_r(z;t|N) = \int_0^t \lambda e^{-\lambda\zeta}\left\{\tau_y\phi_b(t-\zeta) - \int_0^{t-\zeta} (1-\phi_b(t-\zeta-\eta))u^b(z;\eta|N)d\eta\right\} d\zeta \tag{41c}$$

$$\phi_{bp}(z;t|N) = \tau_y\phi_b(\zeta) - \int_0^t (1-\phi_b(t-\zeta))u^b(z;\zeta|N)d\zeta$$

$$\text{mit } u^b(z;t|N) := \sum_{k=1}^{N-1} u_k^b(z;t|N)$$

Folgerung 20:

(i) Aus (41c) entnehmen wir $\phi_r=\varphi_a * \phi_{bp}$, sodaß auch bei endlichem Warteraum die Leerlaufspannen $\mathfrak{b}_k^r-\mathfrak{b}_k^{bp}$ gemäß φ_a verteilt und von $\mathfrak{b}_k^{bp}$ stochastisch unabhängig sind.

(ii) Es gelten weiter

$$\lim_{t\to\infty} \phi_r(z,t|N) = \lim_{t\to\infty} \phi_{bp}(z;t|N)=1$$

(iii) Unter der Voraussetzung $\phi_b \in \mathfrak{B}_2$ errechnen sich die ersten Momente der Verteilungen ϕ_r und ϕ_{bp} zu

$$\frac{1}{\lambda_{bp}(z|N)} = \frac{1}{\lambda_b(y)} + \frac{1}{\lambda_b(o)} \sum_{k=1}^{N-1} \check{u}_k^b(z|N);$$

$$\frac{1}{\lambda_{bp}(z^*|N)} = \frac{1}{\lambda_b(o)} \left[1+\sum_{k=1}^{N-1} u_k^b(z^*|N)\right] \tag{42}$$

$$\frac{1}{\lambda_r(z|N)} = \frac{1}{\lambda} + \frac{1}{\lambda_{bp}(z)} \quad ; \quad \frac{1}{\lambda_r(z^*|N)} = \frac{1}{\lambda} + \frac{1}{\lambda_b(o)} \left[1+\sum_{k=1}^{N-1} \check{u}_k^b(z^*|N)\right]$$

(iv) Aus (41a) folgt:

$$\int_0^\infty \hat{p}_o^z(t|N)dt = \frac{1}{\lambda} \quad , \quad 1\leq n\leq N$$

$$\int_0^\infty \hat{p}_\nu^z(t|N)dt = \frac{1}{\lambda}[\check{u}_\nu^b(z|N)-1] = \quad , \quad 1\leq\nu<n\leq N$$

$$= \frac{1}{\lambda} u_\nu^b(z|N) \quad , \quad 1\leq n\leq\nu\leq N-1 \tag{43}$$

$$\int_0^\infty \hat{p}_N^z(t|N)dt = \frac{1}{\lambda_{bp}(z)} - \sum_{\nu=1}^{N-1} \int_0^\infty \hat{p}_\nu^z(t|N)dt \quad , \quad \text{wenn } \phi_b\in\mathfrak{B}_2$$

$$= \frac{1}{\lambda}\left(1-\frac{\lambda}{\lambda_b(o)}\right) \sum_{k=N}^{\infty} \check{u}_k^b(z) \quad , \quad \text{wenn } \lambda<\lambda_b(o).$$

Der Beweis besteht in zwangsläufigem Rechnen, wobei man zur letzten Darstellung von $\int_0^\infty \hat{p}_N^z(t|N)dt$ einerseits $\check{u}_k^b(z|N)=\check{u}_k^b(z)$ für $1\leq k\leq N$ und andererseits die Darstellung $\sum_{k=1}^{\infty} \check{u}_k^b(z) = \dfrac{n-1-\frac{\lambda}{\lambda_b(y)}}{1-\frac{\lambda}{\lambda_b(o)}}$ heranzieht.

Folgerung 21:

Unter der Voraussetzung $\phi_b \in \mathfrak{B}_2$ gelten:

$$\lim_{N\to\infty} \frac{1}{\lambda_{bp}(z|N)} = \frac{1}{\lambda_{bp}(z)}\,,\quad \lim_{N\to\infty} \frac{1}{\lambda_r(z|N)} = \frac{1}{\lambda_r(z)}\,,$$

wobei diese Grenzwerte endlich für $\lambda<\lambda_b(o)$ und für $\lambda\geq\lambda_b(o)$ unendlich sind. Außerdem existieren stets für $\nu=o,\ldots,N-1$ die Grenzwerte $\lim_{N\to\infty}\int_o^\infty p_\nu^z(t|N)dt$ und stimmen für $\lambda<\lambda_b(o)$ mit $\int_o^\infty p_\nu^z(t)dt$ überein.

In diesem Fall gilt $\lim_{N\to\infty}\int_o^\infty p_N^z(t|N)dt=o$.

Zum Beweis beachte man (42) und (43), Satz 11 a für $1\leq k\leq N$ und die Konvergenz bzw. Divergenz von $\sum_{\nu=1}^{\infty} \overset{\nu b}{u}_k(z)$, über die Satz 10a Auskunft gibt.

Bevor wir dieses Kapitel abschließen, wollen wir nun auch noch den Spezialfall $\varphi_b(t)=\mu e^{-\mu t}$ bei endlichem Warteraum untersuchen.

Wir setzen

$$u_k^a(z;t|N) := \int_o^t e^{-\mu\zeta} u_{k+1}^1(z;\zeta,t|N)d\zeta + e^{-\mu t} q_x^1(k-n;t|N);\quad 1\leq k\leq N-1 \tag{28a}$$

und erhalten aus (25c)

$$u_\nu^2(z;\xi,\eta|N) = \sum_{k=\nu}^{N-1} \mu e^{-\mu\xi}\,\frac{(\mu\xi)^{k-\nu}}{(k-\nu)!}\,u_k^a(z;\eta-\xi|N) \tag{28b}$$

und (25b)

$$u_\nu^a(z;t|N) = \sum_{k=1}^{N-1}\int_o^t u_k^a(z;t-\zeta|N)a_o(k+1;\nu;\zeta)d\zeta + a_x(n,\nu;t),\quad 1=\nu\leq N-1, N\geq 2$$

$$u_\nu^a(z;t|N) = \sum_{k=\nu-1}^{N-1}\int_o^t u_k^a(z;t-\zeta|N)a_o(k+1;\nu;\zeta)d\zeta + a_x(n,\nu;t),\quad 2\leq\nu\leq N-1,\ N\geq 3$$

mit (28c)

$$a_x(k,i;t) = \begin{cases} o & 1\leq k<i\leq N-1 \\ \tau_x\varphi_a(t)e^{-\mu t}\,\dfrac{(\mu t)^{k-i}}{(k-i)!} & 1\leq i\leq k\leq N-1 \\ \tau_x\varphi_a(t)e^{-\mu t}\left(1+\dfrac{(\mu t)^{k-i}}{(k-i)!}\right) & i=N-1,\ k=N \end{cases}$$

Auch dieses Integralgleichungssystem besitzt ein eindeutig, bestimmtes Lösungssystem aus stetigen, nichtnegativen Funktionen, die wiederum für $\check{s} \geq o$ absolut konvergente Laplacetransformierte $\check{u}_k^a(z;\check{s}|N)$ - $\check{u}_k^a(z|N) := \check{u}_k^a(z;o|N)$ - besitzen. Diese sind die einzigen Lösungen des Gleichungssystems

$$\check{u}_\nu^a(z;\check{s}|N) = \sum_{k=1}^{N-1} \check{u}_k^a(z;\check{s}|N)\check{a}_o(k+1,\nu;\check{s}) + \check{a}_x(n,\nu;\check{s}) \quad ; \ 1=\nu \leq N-1,\ N \geq 2,\ \check{s} \geq o$$

$$\check{u}_\nu^a(z;\check{s}|N) = \sum_{k=\nu-1}^{N-1} \check{u}_k^a(z;\check{s}|N)\check{a}_o(k+1,\nu;\check{s}) + \check{a}_x(n,\nu;\check{s}); \ 2 \leq \nu \leq N-1,\ N \geq 3,\ \check{s} \geq o. \qquad (28)$$

Daraus folgt, wenn $\mu > \lambda_a(o)$, $z = z^* = (1,o,o)$ und $o < \zeta(o) < \zeta_o < 1$ gelten, ($\zeta(o)$ bezeichnet wie früher die in $|\zeta| < 1$ eindeutig bestimmte Nullstelle von $\zeta - \check{\varphi}_a(\mu(1-\zeta))$) für die aus den Differenzen

$$d_\nu^a(z^*|N) := \check{u}_\nu^a(z^*) - \check{u}_\nu^a(z^*|N) \qquad ,\nu = 1,\ldots,N-1 \qquad (28e)$$

gebildete Summe

$$\zeta_o \sum_{\nu=1}^{N-1} |d_\nu^a(z^*|N)|\zeta_o^{-\nu} \leq \sum_{k=1}^{N-1} |d_k^a(z^*|N)|\zeta_o^{-k} \int_o^\infty e^{-\mu(1-\zeta_o)t}\varphi_a(t)dt + R$$

mit

$$o \leq R \leq \sum_{\nu=1}^{N-1} \sum_{k=N}^{\infty} \frac{\check{u}_k^a(z^*)}{\zeta_o^k} \int_o^\infty e^{-\mu t}\varphi_a(t) \frac{(\mu t \zeta_o)^{k-(\nu-1)}}{(k-(\nu-1))!} dt + \frac{\mu^a_{N-1}(z^*)}{\zeta_o^{N-2}} \int_o^\infty e^{-\mu t}\varphi_a(t)dt$$

woraus wegen $u_k^a(z^*) = \zeta(o)$ und den Voraussetzungen $\zeta(o) < \zeta_o < 1$

$$o \leq R \leq \sum_{\nu=1}^{N-1} \sum_{k=N}^{\infty} \left(\frac{\zeta(o)}{\zeta_o}\right)^k + \left(\frac{\zeta(o)}{\zeta_o}\right)^{N-1} \leq \sum_{k=N-1}^{\infty} (k+1) \left(\frac{\zeta(o)}{\zeta_o}\right)^k$$

folgt.

Zu vorgegebenen $\varepsilon > o$ existiert dann aber stets ein N_o, so daß für alle $N > N_o$ die Abschätzung $o \leq R \leq \varepsilon$ und damit

$$\sum_{\nu=1}^{N-1} |d_\nu^a(z^*|N)| \leq \sum_{\nu=1}^{N-1} |d_\nu^a(z^*|N)|\zeta_o^{-\nu} \leq \frac{\varepsilon}{\zeta_o - \check{\varphi}_a(\mu(1-\zeta_o))}$$

gilt. Man beachte, daß aus $\zeta(o) < \zeta_o < 1$ und $\mu > \lambda_a(o)$ $\zeta_o - \check{\varphi}_a(\mu(1-\zeta_o)) > o$ folgt.

Dann gilt aber für jedes $\nu\in\mathbb{N}$:

$$\overset{\vee}{u}{}^{a}_{\nu}(z^{*}) = \lim_{N\to\infty} \overset{\vee}{u}{}^{a}_{\nu}(z^{*}|N) \tag{28f}$$

und wegen der Konvergenz von $\sum_{\nu=1}^{\infty} u^{a}_{\nu}(z^{*})$, wenn $\mu>\lambda_a(o)$,

$$\sum_{\nu=1}^{\infty} \overset{\vee}{u}{}^{a}_{\nu}(z^{*}) = \lim_{N\to\infty} \sum_{\nu=1}^{N-1} \overset{\vee}{u}{}^{a}_{\nu}(z^{*}|N) \text{ sowie } \lim_{N\to\infty} \overset{\vee}{u}{}^{a}_{N-1}(z^{*}|N)=o \tag{28g}$$

Diese Ueberlegungen stellen den Beweis des folgenden Satzes dar:

<u>Satz 11b:</u>

Für $\mu>\lambda_a(o)>o$ gelten die Beziehungen:

$$\lim_{N\to\infty} \overset{\vee}{u}{}^{a}_{\nu}(z^{*}|N)=\overset{\vee}{u}{}^{a}_{\nu}(z^{*}),\ \nu\in\mathbb{N},\ \lim_{N\to\infty} \sum_{\nu=1}^{N-1} \overset{\vee}{u}{}^{a}_{\nu}(z^{*}|N)= \sum_{\nu=1}^{\infty} \overset{\vee}{u}{}^{a}_{\nu}(z^{*})$$

und $\lim_{N\to\infty} \overset{\vee}{u}{}^{a}_{N-1}(z^{*}|N)=o$.

Wir bemerken dazu:

1. Auch für $z\neq z^{*}$, $z\in\mathcal{B}_{\infty}$ kann diese Aussage bewiesen werden; sie erfordert dann aber einen gewissen Mehraufwand, der sich aber hier nicht lohnt, da wir die besagten Beziehungen praktisch nur für $z=z^{*}$ benötigen werden.

2. Weitaus mehr Schwierigkeiten scheint für $\mu\leq\lambda_a(o)$ eine Aussage über das Verhalten von $\overset{\vee}{u}{}^{a}_{\nu}(z|N)$ und $\sum_{\nu=1}^{N-1} \overset{\vee}{u}{}^{a}_{\nu}(z|N)$ für $N\to\infty$ zu sein, da alle hier und früher so erfolgreich angewendeten Methoden versagen.

Wir wollen nun wieder die uns interessierenden Größen $\hat{p}^{z}_{\nu}(t|N)$, $\varphi_r(z;t|N)$ $\varphi_{bp}(z;t|N)$ usw. darstellen und sehen welche Folgerungen Satz 11b dann zuläßt. Wir erhalten

$$\hat{p}^{z}_{o}(t|N) = \left\{\begin{array}{ll} o & ,\ n\leq N-1 \\ e^{-\mu t}\int_{o}^{t} \tau_x\varphi_a(t-\zeta)\ \frac{(\mu\zeta)^{N-1}}{(N-1)!}\, d\zeta & ,\ n=N \end{array}\right\} +$$

$$\int_{o}^{t} u^{a}_{N-1}(z;t-\zeta|N)e^{-\mu\zeta}\int_{o}^{\zeta}\varphi_a(\zeta-\eta)\frac{(\mu\eta)^{N-1}}{(N-1)!}\, d\eta\, d\zeta\ +$$

$$+ \quad (1-\tau_x \phi_a(t)) + \sum_{k=1}^{N-1} \int_o^t (1-\phi_a(t-\zeta)) u_k^a(z;\zeta|N)d\zeta - \left\{ \sum_{k=o}^{n-1} e^{-\mu t} \frac{(\mu t)^k}{k!} + \sum_{k=1}^{N-1} \int_o^t e^{-\mu\zeta} \frac{(\mu\zeta)^k}{k!} u_k^a(z;t-\zeta|N)d\zeta \right\}, \qquad (29a)$$

$$\hat{p}_1^z(t|N) = \begin{cases} e^{-\mu t} \frac{(\mu t)^{n-1}}{(n-1)!} & , n \leq N-1 \\ e^{-\mu t} \frac{(\mu t)^{N-1}}{(N-1)!} + \int_o^t \tau_x \varphi_a(t-\zeta) \{ \frac{(\mu\zeta)^{N-2}}{(N-2)!} - \frac{(\mu\zeta)^{N-1}}{(N-1)!} \} d\zeta & , n=N \end{cases}$$

$$+ \int_o^t u_{N-1}^a(z;t-\zeta|N) e^{-\mu\zeta} \int_o^\zeta \varphi(\zeta-\eta) \left\{ \frac{(\mu\eta)^{N-2}}{(N-2)!} - \frac{(\mu\eta)^{N-1}}{(N-1)!} \right\} d\eta d\zeta$$

$$+ \sum_{k=1}^{N-1} \int_o^t u_k^a(z;t-\zeta|N) e^{-\mu\zeta} \left\{ \frac{(\mu\zeta)^k}{k!} - \frac{(\mu\zeta)^{k-1}}{(k-1)!} \right\} d\zeta, \qquad (29b)$$

für $2 \leq \nu \leq N-1$

$$\hat{p}_\nu^z(t|N) = \begin{cases} o & , 1 \leq n < \nu \\ e^{-\mu t} \frac{(\mu t)^{n-\nu}}{(n-\nu)!} & , \nu \leq n \leq N-1 \\ e^{-\mu t} \frac{(\mu t)^{N-\nu}}{(N-\nu)!} + \int_o^t \tau_x \varphi_a(t-\zeta) \{ \frac{(\mu\zeta)^{N-1-\nu}}{(N-1-\nu)!} - \frac{(\mu\zeta)^{N-\nu}}{(N-\nu)!} \} d\zeta & , \nu < n = N \end{cases}$$

$$+ \int_o^t u_{N-1}^a(z;t-\zeta|N) e^{-\mu\zeta} \int_o^\zeta \varphi_a(\zeta-\eta) \{ \frac{(\mu\eta)^{N-1-\nu}}{(N-1-\nu)!} - \frac{(\mu\eta)^{N-\nu}}{(N-\nu)!} \} d\eta d\zeta +$$

$$+ \sum_{k=1}^{N-\nu} \int_o^t u_{k+\nu-1}^a(z;t-\zeta|N) e^{-\mu\zeta} \{ \frac{(\mu\zeta)^k}{k!} - \frac{(\mu\zeta)^{k-1}}{(k-1)!} \} d\zeta$$

$$+ \int_o^t u_{\nu-1}^a(z,t-\zeta|N) e^{-\mu\zeta} d\zeta \qquad (29c)$$

und

$$\hat{p}_N^z(t|N)=\begin{Bmatrix} o \\ \\ e^{-\mu t}(1-\tau_x\phi_a(t)) \end{Bmatrix}+\int_o^t u_{N-1}^a(z;t-\zeta|N)e^{-\mu\zeta}(1-\phi_a(\zeta))d\zeta \quad \begin{matrix} ,n\leq N-1 \\ \\ ,n=N \end{matrix} \tag{29d}$$

$$\phi_r(z;t|N)=\tau_x\phi_a(t)-\sum_{k=1}^{N-1}\int_o^t(1-\phi_a(t-\zeta))u_k^a(z;t-\zeta|N)d\zeta \tag{29e}$$

$$\phi_{bp}(z;t|N)=\phi_r(z;t|N)+\hat{p}_o^z(t|N) \tag{29f}$$

Folgerung 22:

(i) Es gelten für $\nu=o,1,\ldots,N$ $\lim\limits_{t\to\infty}\hat{p}_\nu^z(t|N)=o$ und damit auch

$\lim\limits_{t\to\infty}\phi_r(z;t|N)=\lim\limits_{t\to\infty}\phi_{bp}(z;t|N)=1$

(ii) Für $\phi_a\in\mathfrak{B}_2$ existieren die ersten Momente der Verteilungen ϕ_r und ϕ_{bp}:

$$\frac{1}{\lambda_r(z|N)}=\frac{1}{\lambda_a(x)}+\frac{1}{\lambda_a(o)}\sum_{k=1}^{N-1}\check{u}_k^a(z|N)$$

$$\frac{1}{\lambda_r(z^*|N)}=\frac{1}{\lambda_a(o)}\left\{1+\sum_{k=1}^{N-1}\check{u}_k^a(z^*|N)\right\}$$

$$\frac{1}{\lambda_{bp}(z|N)}=\frac{1}{\mu}\left\{n+\sum_{k=1}^{N-1}\check{u}_k^a(z|N)\right\}-\frac{1}{\mu}\check{u}_{N-1}^a(z|N)\check{\varphi}_a(\mu)-\begin{Bmatrix} o \\ \\ \frac{1}{\mu}\tau_x\check{\varphi}_a(\mu) \end{Bmatrix}\quad\begin{matrix} n\leq N-1 \\ \\ n=N \end{matrix}$$

$$\frac{1}{\lambda_{bp}(z^*|N)}=\frac{1}{\mu}\left\{1+\sum_{k=1}^{N-1}\check{u}_k^a(z^*|N)\right\}-\frac{1}{\mu}\check{u}_{N-1}^a(z^*|N)$$

(iii) Es existieren für $\phi_a\in\mathfrak{B}_2$ die Integrale $\int_o^\infty\hat{p}_\nu^{z^*}(t|N)dt$ für $z\in\mathfrak{Z}_N$, $\nu=o,1,\ldots,N$ und besitzen für $z=z^*=(1,o,o)$ die Darstellungen:

$$\int_0^\infty \hat{p}_o^{z^*}(t|N)dt=\frac{1}{\mu}\check{\varphi}_a(\mu)\check{u}^a_{N-1}(z^*|N)+\{\frac{1}{\lambda_a(o)}-\frac{1}{\mu}\}\{1+\sum_{k=1}^{N-1}\check{u}^a_k(z^*|N)\}$$

$$\int_0^\infty \hat{p}_1^{z^*}(t|N)dt=\frac{1}{\mu}$$

$$\int_0^\infty \hat{p}_\nu^{z^*}(t|N)dt=\frac{1}{\mu}\check{u}^a_{\nu-1}(z^*|N), \qquad 2\leq\nu\leq N-1$$

$$\int_0^\infty \hat{p}_N^{z^*}(t|N)dt=\frac{1}{\mu}\check{u}^a_{N-1}(z^*|N)(1-\check{\varphi}_a(\mu))$$

(ii) und (iii) dieser Folgerung wird errechnet.

Zum Nachweis von (i) benutzt man folgende Aussage, deren Sicherung anschließend folgt:

Ist g auf $\mathbb{R}_+$ beschränkt mit $\lim_{t\to\infty} g(t)=o$ und $f\in L_1(\mathbb{R}_+)$ so gilt $\lim_{t\to\infty} f \overset{t}{\underset{o}{*}} g=o$.

Zum Beweis wählen wir zu $\varepsilon>o$ ein T_o so daß $|g(t)|<\frac{\varepsilon}{2\int_0^\infty|f(t)|dt}$ für $t\geq T_o$ und $\int_{T_o}^\infty|f(t)|dt<\frac{\varepsilon}{2K}$, wobei K eine obere Schranke von g auf $\mathbb{R}_+$ bezeichnet.

Dann gilt für alle $t\geq 2T_o$:

$$\begin{aligned}
\left|\int_0^t f(t-\zeta)g(\zeta)d\zeta\right| &\leq \left|\int_0^{T_o} f(t-\zeta)g(\zeta)d\zeta\right| + \left|\int_{T_o}^t f(t-\zeta)g(\zeta)d\zeta\right| \\
&\leq K\int_0^{T_o}|f(t-\zeta)|d\zeta + \int_0^{t-T_o}|f(\zeta)|d\zeta\cdot\frac{\varepsilon}{2\int_0^\infty|f(\zeta)|d\zeta} \\
&\leq K\int_{t-T_o}^t|f(\zeta)|d\zeta + \frac{\varepsilon}{2} \\
&\leq K\int_{T_o}^\infty|f(\zeta)|d\zeta + \frac{\varepsilon}{2}\leq\varepsilon
\end{aligned}$$

Folgerung 23:

Unter den Voraussetzungen $\phi_a \in \mathfrak{B}_2$ und $\mu > \lambda_a(o)$ gelten

$$\lim_{N\to\infty} \int_o^\infty \hat{p}_\nu^{z^*}(t|N)dt = \int_o^\infty \hat{p}_\nu^{z^*}(t)dt \quad \text{sowie}$$

$$\lim_{N\to\infty} \frac{1}{\lambda_r(z|N)} = \frac{1}{\lambda_r(z)}, \quad \lim_{N\to\infty} \frac{1}{\lambda_{bp}(z|N)} = \frac{1}{\lambda_{bp}(z)}$$

Diese Aussage folgt unmittelbar aus Satz 11b.

Damit ist die Behandlung der Spezialfälle vorläufig abgeschlossen.

III Grenzverhalten des einfachen Bedienungskanals.

Für die in Kapitel I entwickelten Modelle des einfachen Bedienungskanals werden Aussagen über das Verhalten der Zustandswahrscheinlichkeiten für wachsende Zeiten und in Abhängigkeit von der Warteraumgröße angegeben. Der erste Abschnitt enthält Aussagen allgemeiner Art, die sich auf das sog. Schlüsseltheorem der Erneuerungstheorie stützen.

7. Ein Ergodensatz.

Lemma von Smith: (Schlüsseltheorem der Erneuerungstheorie)

a) Es sei F die Verteilungsfunktion einer nichtnegativen Zufallsvariablen und $h: \mathbb{R} \longrightarrow \mathbb{R}$ eine über $\mathbb{R}_+$ direkt Riemann-integrierbare (Feller II, 1966, S. 348ff) Funktion mit $h(x)=0$ für $x<0$.

Dann gilt für die eindeutig bestimmte Lösung z der Erneuerungsgleichung $z(x) = h(x) + \int_0^x z(x-\zeta)\,dF(\zeta)$ $(x \geq 0)$

mit der Lösungsgestalt

$$z(x) = \int_0^x h(x-\zeta)\,dU(\zeta), \quad U = \sum_{\nu=0}^{\infty} F^{*\nu}, \quad F^{*0}(x)=1 \text{ für } x\geq 0, \quad F^{*0}(x)=0 \text{ für } x<0$$

die Aussage

$$\lim_{t\to\infty} z(t) = \left(\int_0^\infty h(x)\,dx\right) \Big/ \int_0^\infty (1-F(x))\,dx, \quad \text{falls } \int_0^\infty (1-F(x))\,dx < +\infty$$

$$= 0 \qquad , \quad \text{falls } \int_0^\infty (1-F(x))\,dx = +\infty.$$

b) Ist $f: \mathbb{R}_+ \longrightarrow \mathbb{R}_+ \cup \{0\}$ für ein $\delta>0$ ein Element der Klasse $L_{1+\delta}(\mathbb{R}_+)$ mit $\lim_{t\to\infty} f(t) = 0$ und $\int_0^\infty f(t)\,dt < 1$, so gilt für die eindeutig bestimmte Lösung der Erneuerungsgleichung

$$z(x) = f(x) + \int_0^x z(x-\zeta) f(\zeta)\,d\zeta \quad (x \geq 0)$$

mit der Lösungsgestalt

$$z = \sum_{\nu=1}^{\infty} f^{*\nu}$$

die Aussage

$$\lim_{t\to\infty} z(t) = 0$$

c) Ist $K:\mathbb{R}\to\mathbb{R}$ auf $\mathbb{R}$ von beschränkter Variation, $b:\mathbb{R}\to\mathbb{R}$ bezüglich K auf $\mathbb{R}$ integrierbar, beschränkt mit $\lim_{t\to\infty} b(t)=\lambda<\infty$ so gilt $\lim_{t\to\infty} \int_{-\infty}^{\infty} b(x-\zeta)dK(\zeta) = \lambda\ (K(+\infty)-K(-\infty))$.

Die Aussagen dieses Satzes sind in [Smith, 1954] und [Smith 1955] bewiesen. Teil c ist eine Erweiterung einer Hilfsbetrachtung, die wir im Beweis von Folgerung 22 bereits ausführten.

In der Folgerung 6 stehen nun folgende Gleichungen:

Für $z=z^{*}=(1,o,o)\in\mathfrak{Z}_\infty$, $\nu\in\mathbb{N}\cup\{o\}$

$$p_\nu^{z^*}(t) = \hat{p}_\nu^{z^*}(t) + \int_o^t p_\nu^{z^*}(t-\zeta)d\phi_r(z^*;\zeta) \qquad (t\geq o)$$

für beliebige $z\in\mathfrak{Z}_\infty$ und $\nu\in\mathbb{N}\cup\{o\}$

$$p_\nu^{z}(t) = \hat{p}_\nu^{z}(t) + \int_o^t p_\nu^{z^*}(t-\zeta)d\phi_r(z;\zeta) \qquad (t\geq o)$$

wobei

$$\phi_r(z;t) = 1-\sum_{v=o}^{\infty} \hat{p}_\nu^{z}(t)$$

gilt.

In Folgerung 8 finden wir analoge Gleichungen für $z,z^*\in\mathfrak{Z}_N$, $\nu\in\{o,\dots,N\}$ und $p_\nu^z(t|N)$, $\hat{p}_\nu^z(t|N)$, $\phi_r(z;t|N)=1-\sum_{v=o}^{N} \hat{p}_\nu^z(t/N)$.

Es liegt nun nahe, das Schlüsseltheorem hierauf anzuwenden, um eine Aussage über das Verhalten von $p_\nu^z(t|N)$, $p_\nu^z(t)$, $\phi_r(z;t|N)$ und $\phi_r(z;t)$ sowie $\phi_{bp}(z;t|N)=\phi_r(z;t|N)+\hat{p}_o^z(t|N)$ resp. $\phi_{bp}(z;t) = = \phi_r(z;t)+\hat{p}_o^z(t)$ für $t\to\infty$ zu erhalten.

Die Voraussetzungen $\phi_a,\phi_b\in\mathfrak{V}_1$ sichern die Stetigkeit von $\hat{p}_\nu^z(t)$, $\hat{p}_\nu^z(t|N)$ in Abhängigkeit von t, die Existenz und Stetigkeit der Dichte φ_r der eventuell unvollständigen Verteilungsfunktion ϕ_r. (Folgerungen und 16).

Daher gilt:

<u>Satz 12:</u>

Für $\phi_a, \phi_b \in \mathfrak{B}_1$ gelten unter den zusätzlichen Annahmen:

$\int_0^\infty \hat{p}_\nu^z(t)dt<+\infty$ für alle $z \in \mathfrak{Z}_\infty$, $\nu \in \mathbb{N} \cup \{o\}$

a) $\lim\limits_{t\to\infty} p_\nu^z(t) = (\int_0^\infty \hat{p}_\nu^{z^*}(t)dt)/(\sum\limits_{\nu=o}^\infty \int_0^\infty \hat{p}_\nu^{z^*}(t)dt)$,

$\frac{1}{\lambda_r(z)} = \int_0^\infty (1-\phi_r(z;t))dt<+\infty$, $\frac{1}{\lambda_{bp}(z)} = \int_0^\infty (1-\phi_{bp}(z;t))dt<+\infty$ und

$\lim\limits_{t\to\infty} \phi_r(z,t)=\lim\limits_{t\to\infty} \phi_{bp}(z;t)=1$,

wenn $\sum\limits_{\nu=o}^\infty \int_0^\infty \hat{p}_\nu^z(t)dt<+\infty$ und

b) $\lim\limits_{t\to\infty} p_\nu^z(t)=o$,

$\frac{1}{\lambda_r(z)} = \int_0^\infty (1-\phi_r(z;t))dt=+\infty$, $\frac{1}{\lambda_{bp}(z)} = \int_0^\infty (1-\phi_{bp}(z;t))dt=+\infty$,

wenn entweder $\lim\limits_{t\to\infty} \phi_r(z^*;t)=1$, jedoch $\sum\limits_{\nu=o}^\infty \int_0^\infty \hat{p}_\nu^z(t)dt=+\infty$ und $\sum\limits_{\nu=o}^\infty \hat{p}_\nu^z(t) \underset{t\to\infty}{\to} o$ für alle $z \in \mathfrak{Z}_\infty$

oder $\lim\limits_{t\to\infty} \phi_r(z^*;t)<1$, $\lim\limits_{t\to\infty} \varphi_r(z^*,t)=o$ und $\sum\limits_{\nu=o}^\infty \hat{p}_\nu^z(t) \underset{t\to\infty}{\to} o$ für alle $z \in \mathfrak{Z}_\infty$.

Für $\phi_a, \phi_b \in \mathfrak{B}_1$ gelten unter den Annahmen

$\int_0^\infty \hat{p}_\nu^z(t|N)dt<+\infty$ für alle $z \in \mathfrak{Z}_N$, $\nu \in \{o,1,\dots,N\}$

$\lim\limits_{t\to\infty} p_\nu^z(t|N)= (\int_0^\infty \hat{p}_\nu^{z^*}(t|N)dt)/(\sum\limits_{\nu=o}^N \int_0^\infty \hat{p}_\nu^{z^*}(t|N)dt)$

$\frac{1}{\lambda_r(z|N)} = \int_0^\infty (1-\phi_r(z;t|N))dt<\infty$, $\frac{1}{\lambda_{bp}(z|N)} = \int_0^\infty (1-\phi_{bp}(z;t|N))dt<\infty$ und

$\lim\limits_{t\to\infty} \phi_r(z;t|N)=\lim\limits_{t\to\infty} \phi_{bp}(z;t|N)=1$.

Beweis:

a) $\sum\limits_{\nu=o}^\infty \int_0^\infty \hat{p}_\nu^z(t)dt = \int_0^\infty \sum\limits_{\nu=o}^\infty \hat{p}_\nu^z(t)dt = \int_0^\infty (1-\phi_r(z;t))dt<+\infty$ nach dem Satz der monotonen Konvergenz und hat damit notwendig

$\lim_{t\to\infty} \phi_r(z;t)=1$, $\lim_{t\to\infty} \hat{p}_\nu^z(t)=0$ für alle $\nu\in\mathbb{N}\cup\{o\}$ und somit

$\lim_{t\to\infty} \phi_{bp}(z;t)=1$,

ebenso wie

$\int_o^\infty (1-\phi_{bp}(z;t))dt<+\infty$

zur Folge hat.

Hat man nachgewiesen, daß für alle $\nu\in\mathbb{N}\cup\{o\}$ $\hat{p}_\nu^{z^*}(t)$ über $\mathbb{R}_+$ direkt Riemann integrierbar ist, so folgt sofort

$\lim_{t\to\infty} p_\nu^{z^*}(t)=(\int_o^\infty \hat{p}_\nu^{z^*}(t)dt)/(\sum_{\nu=o}^{\infty}\int_o^\infty \hat{p}_\nu^{z^*}(t)dt)$

aus Teil a des Lemmas von Smith und die Restbehauptung aus Teil c.

Zum Nachweis dieser Integrierbarkeit hat man nach einem Kriterium von Feller (ii, S. 349) nachzuweisen, daß $\sum_{n=1}^{\infty} \sup_{t\in[n-1,n]} \hat{p}_\nu^{z^*}(t)<+\infty$ gilt.

Da aber $\hat{p}_\nu^{z^*}(t)\leq 1-\phi_r(z^*,t)$ gilt und $\int_o^\infty (1-\phi_r(z^*,t))dt<+\infty$, ist diese Eigenschaft für jedes $\hat{p}_\nu^z(t)$ trivial. Man beachte $1-\phi_r$ ist monoton abnehmend.

b) Unter der ersten Alternative gilt ein zu a analoger Beweis. Für die zweite Alternative benutzt man vom Lemma von Smith, Teil b und hat $\lim_{t\to\infty} \sum_{\nu=1}^{\infty} \varphi_r^{*\nu}(z^*;t)=o$ und benutzt dann Teil c des gleichen Lemmas.

Der Teil des Satzes 12, der sich auf den endlichen Warteraum bezieht wird wie unter a bewiesen.

In den von uns im vorangegangenen Abschnitt behandelten Spezialfällen sind die in Satz 12 angeführten Voraussetzungen, wie wir noch ausführen werden, bereits als gültig nachgewiesen. Für den allgemeinen Fall sind dann weitere Untersuchungen anzustellen.

Bevor wir aber darauf eingehen, wollen wir die eigenartige Darstell-

der Grenzwahrscheinlichkeiten $\lim_{t\to\infty} p_\nu^z(t)$ im Fall a von Satz 12 resp. $\lim_{t\to\infty} p_\nu^z(t|N)$ uminterpretieren und daraus den Ergodensatz gewinnen.

Zunächst hat der Nenner folgende Bedeutung

$$\sum_{\nu=0}^{\infty} \int_0^{\infty} \hat{p}_\nu^{z^*}(t)dt = \int_0^{\infty}(1-\phi_r(z^*,t))dt = E_\infty^{z^*}(\mathfrak{d}_1^r),$$

stellt also den - in diesem Fall - endlichen Erwartungswert der Länge der ersten Erneuerungsperiode bzgl. $p_\infty^{z^*}$ dar, dabei ist die Länge wie üblich mit dem Lebesguemaß auf $\mathbb{R}$ gemessen. Es sei $\omega\in\Omega_\infty$ gewählt. Wir bezeichnen dann - ohne zunächst zu fragen, ob es einen Sinn hat - mit $\mathfrak{s}_\nu(\omega)$ das Lebesguemaß derjenigen Zeitpunkte $t\in[o,\mathfrak{d}_1^r(\omega)[$ für die $n_t(\omega)=\nu$ ist. Sofern diese Größen sinnvoll sind gelten

$$\mathfrak{d}_1^r(\omega) = \sum_{\nu=0}^{\infty} \mathfrak{s}_\nu(\omega) \quad \text{und}$$

$$E_\infty^{z^*}(\mathfrak{d}_1^r) = \sum_{\nu=0}^{\infty} E_\infty^{z^*}(\mathfrak{s}_\nu).$$

Wir betrachten nun die Menge $\{(t,\omega);\ \hat{n}_t(\omega)=\nu\}\in\mathfrak{T}\times\Omega$.
Da die Realisierungen $\hat{n}_t(\omega)$ rechtsseitig stetig sind für alle $t\in[o,\mathfrak{d}_1^r(\omega)[$ und alle $\omega\in\Omega$ (nach Konstruktion und $\hat{n}_t$ Zufallsvariable, also meßbar ist, ist nach einem Lemma von [Dynkin, 1961, S. 18] $\{(t,w);\ \hat{n}_t(\omega)=\nu\}$ ein Element von $\mathfrak{B}\otimes\mathfrak{A}_\infty$, wobei $\mathfrak{B}$ die Borelmengen in $\mathbb{R}$ und $\mathfrak{A}_\infty$ die auf Ω_∞ konstruierte σ-Algebra darstellt.
Daher ist auch die Indikatorfunktion dieser Menge meßbar und damit jeder ω-resp. t-Schnitt.

Es ist aber

$$\int_0^{\infty} \hat{p}_\nu^{z^*}(t)dt = \int_0^{\infty} E_\infty^{z^*}(\chi_{\{\hat{n}_t=\nu\}})dt = \int_0^{\infty} \Big(\int_{\Omega_\infty} \chi_{\{\hat{n}_t=\nu\}}(\omega)dp_\infty^{z^*}(\omega)\Big)dt$$

und $\chi_{\{\hat{n}_t=\nu\}}(\omega)$ ist bei festem t gerade ein t-Schnitt, bei festem ω ein ω-Schnitt der Indikatorfunktion von $\{(t,\omega);\hat{n}_t(\omega)=\nu\}$
und

$$\omega \to \int_0^\infty \chi_{\{\hat{n}_t=\nu\}}(\omega)\,dt$$

ist $\mathfrak{A}_\infty$-meßbar und stellt gerade das Lebesguemaß $\mathfrak{s}_\nu(\omega)$ wie oben beschrieben dar (und ist zumindest $p_\infty^{z^*}$-fast überall endlich). Außerdem gilt nach dem hierfür verantwortlichen Fubinischen Satz:

$$\int_0^\infty \hat{p}_\nu^{z^*}(t)\,dt = \int_{\Omega}\int_0^\infty \chi_{\{\hat{n}_t=\nu\}}(\omega)\,dt)\,dp_\infty^{z^*}(\omega) = E_\infty^{z^*}(\mathfrak{s}_\nu)$$

Damit folgt aus Satz 12

<u>Satz 13: Ergodensatz:</u>

Sind $E_\infty^z(\mathfrak{b}_1^r)$ resp. $E_N^z(\mathfrak{b}_1^r)$, die Erwartungswerte der Erneuerungsperioden $\mathfrak{b}_k^r$ bezüglich der Maße p_∞^z auf Ω_∞ resp. p_N^z auf Ω_N endlich, so, gelten

$$\lim_{t\to\infty} p_\nu^z(t) = \frac{E_\infty^{z^*}(\mathfrak{s}_\nu)}{E_\infty^{z^*}(\mathfrak{b}_1^r)} \qquad \text{resp.} \qquad \lim_{t\to\infty} p_\nu^z(t|N) = \frac{E_N^{z^*}(\mathfrak{s}_\nu)}{E_N^{z^*}(\mathfrak{b}_1^r)} \qquad (1)$$

Beweis: Mit $E_\infty^z(\mathfrak{b}_1^r) = \int_0^\infty (1-\phi_\nu(z;t))\,dt = \sum_{\nu=0}^\infty \int_0^\infty \hat{p}_\nu^z(t)\,dt < \infty$

folgt $\int_0^\infty \hat{p}_\nu^z(t)\,dt<\infty$ für jedes $\nu\in\mathbb{N}\cup\{0\}$ und aus Satz 12, Teil a, die Behauptung. Mit $E_N^z(\mathfrak{b}_1^r) = \int_0^\infty (1-\phi_r(z;t|N))\,dt = \sum_{\nu=0}^N \int_0^\infty \hat{p}_\nu^z(t|N)\,dt<\infty$

folgt die Behauptung ebenfalls aus Satz 12.

Wir nennen Satz 13 Ergodensatz, da für Zähler und Nenner jeweils die Gesetze der großen Zahlen gelten und man durch genügend umfangreiche Beobachtung der Längen der $\mathfrak{b}_k^r$ und der darin enthaltenen Zeitmengen $\mathfrak{s}_\nu$ -(s. Bedeutung) - vernünftige Schätzfunktionen für die Grenzwahrscheinlichkeiten $\lim_{t\to\infty} p_\nu^z(t)$ und $\lim_{t\to\infty} p_\nu^z(t|N)$ gewinnen kann.

8. Die Grenzverteilungen in den Spezialfällen exponentiell verteilter Zwischenankunfts- oder Bedienungszeitspannen.

Folgerung 24a:

Für $\Phi_a(t) = 1-e^{-\lambda t}$, $\Phi_b \in \mathfrak{B}_2$ mit erstem Moment $\frac{1}{\lambda_b(o)}$ gelten:

a) $\lim\limits_{t\to\infty} p_o^z(t) = (1-\frac{\lambda}{\lambda_b(o)})$, $\lim\limits_{t\to\infty} p_\nu^z(t) = (1-\frac{\lambda}{\lambda_b(o)})\check{u}_\nu^b(z^*)$; wenn $\frac{\lambda}{\lambda_b(o)} < 1$

$= o$ $\qquad$ $= o$ $\qquad$, wenn $\frac{\lambda}{\lambda_b(o)} \geq 1$

und im ersten Fall, wenn Φ_b auch ein endliches zweites Moment besitzt,

$$\sum_{\nu=1}^{\infty} \nu \lim_{t\to\infty} p_\nu^z(t) = \frac{\lambda}{\lambda_b(o)} + \frac{\left(\frac{\lambda}{\lambda_b(o)}\right)^2 + \lambda^2\sigma_b^2}{2(1-\frac{\lambda}{\lambda_b(o)})}$$, die Formel von Khintchine-Pollaczek. (2b)

b) $$\lim_{t\to\infty} p_o^z(t|N) = \frac{1}{1+\frac{\lambda}{\lambda_b(o)}\left(1+\sum\limits_{k=1}^{N-1} \check{u}_k^b(z^*)\right)}$$

$$\lim_{t\to\infty} p_\nu^z(t|N) = \frac{\check{u}_\nu^b(z^*)}{1+\frac{\lambda}{\lambda_b(o)}\left(1+\sum\limits_{k=1}^{N-1} \check{u}_k^b(z^*)\right)}, \quad 1\leq\nu\leq N-1 \qquad (2c)$$

$$\lim_{t\to\infty} p_N^z(t|N) = 1-\frac{1+\sum\limits_{k=1}^{N-1} \check{u}_k^b(z^*)}{1+\frac{\lambda}{\lambda_b(o)}\left(1+\sum\limits_{k=1}^{N-1} \check{u}_k^b(z^*)\right)},$$

wobei die $\check{u}_k^b(z^*)$ durch (II,33) mit der Anfangsbedingung

$u_1^b(z^*) = \frac{1-\check{\varphi}_b(\lambda)}{\check{\varphi}_b(\lambda)}$ rekursiv gegeben sind.

c) $\lim_{N\to\infty} \lim_{t\to\infty} p_\nu^z(t|N) = \lim_{t\to\infty} \lim_{N\to\infty} p_\nu^z(t|N) = \lim_{t\to\infty} p_\nu^z(t)$ für alle $\nu \in \mathbb{N} \cup \{o\}$

Zum Beweis sieht man Satz 12, die Folgerungen 16, 18 und 2o, sowie für c) auch Satz 9 heran.

<u>Folgerung 24b:</u>

Für $\phi_a \in \mathfrak{B}_2$ mit erstem Moment $\frac{1}{\lambda_a(o)}$ und $\phi_b(t) = 1 - e^{-\mu t}$ gelten

a) $\lim_{t\to\infty} p_o^z(t) = 1 - \frac{\lambda_a(o)}{\mu}$, $\lim_{t\to\infty} p_\nu^z(t) = \frac{\lambda_a(o)}{\mu} (\zeta(o))^{\nu-1}(1-\zeta(o))$; $\nu \in \mathbb{N}$, wenn $\frac{\lambda_a(o)}{\mu} < 1$ (3a)

$= o \qquad\qquad = o \qquad$ wenn $\frac{\lambda_a(o)}{\mu} \geq 1$

b) $$\lim_{t\to\infty} p_o^z(t|N) = \frac{\frac{\lambda_a(o)}{\mu} \check{\varphi}_a(\mu) \check{u}^a_{N-1}(z^*|N) + \{1 - \frac{\lambda_a(o)}{\mu}\}\{1 + \sum_{k=1}^{N-1} \check{u}^a_k(z^*|N)\}}{1 + \sum_{k=1}^{N-1} \check{u}^a_k(z^*|N)}$$

$$\lim_{t\to\infty} p_1^z(t|N) = \frac{\frac{\lambda_a(o)}{\mu}}{1 + \sum_{k=1}^{N-1} \check{u}^a_k(z^*|N)}$$

$$\lim_{t\to\infty} p_\nu^z(t|N) = \frac{\frac{\lambda_a(o)}{\mu} \check{u}^1_{\nu-1}(z^*|N)}{1 + \sum_{k=1}^{N-1} \check{u}^a_k(z^*|N)} \qquad (3b)$$

$$\lim_{t\to\infty} p_N^z(t|N) = \frac{\frac{\lambda_a(o)}{\mu} \check{u}^a_{N-1}(z^*|N)(1-\check{\varphi}_a(\mu))}{1 + \sum_{k=1}^{N-1} \check{u}^a_k(z^*|N)}$$

c) für $\frac{\lambda_a(o)}{\mu} < 1$

$$\lim_{N\to\infty} \lim_{t\to\infty} p_\nu^z(t|N) = \lim_{t\to\infty} \lim_{N\to\infty} p_\nu^z(t|N) = \lim_{t\to\infty} p_\nu^z(t).$$

Zum Beweis verwende man Satz 12, die Folgerungen 19,22 und Satz 11b sowie für c) auch Satz 9.

Es bleibt zu vermerken, daß c) für $\frac{\lambda_a(o)}{\mu} \geq 1$ eine Lücke aufweist, die in Satz 24a nicht vorhanden ist. Diese Erscheinung liegt daran, daß es uns nicht gelungen ist, Aussagen über $\overset{\vee}{u}{}_{\nu}^{a}(z^{*}|N)$ für $N\to\infty$ und $\frac{\lambda_a(o)}{\mu} \geq 1$ herzuleiten.

9. Stabilität bei endlichem Warteraum.

Will man - wie wir es aus bereits dargelegten Gründen taten - Satz 12 zur Grundlage der Stabilitätsuntersuchungen machen, so hat man nach Bedingungen zu suchen, die die Existenz der Integrale

$$\int_o^\infty \hat{p}_\nu^z(t|N)\,dt \qquad \nu\in\{o,1,\dots,N\}, \quad z\in\mathfrak{Z}_{N'}$$

oder wegen $1-\Phi_r(z;t|N) = \sum_{\nu=o}^{N} p_\nu^z(t|N)$ gleichwertig die Endlichkeit des ersten Momentes von Φ_r sichern.

Aus den Darstellungen der $\hat{p}_\nu^z(t|N)$ (II,24c) und $\Phi_r(z;t|N)$ (II, 26d) entnimmt man sofort, daß Φ_a, $\Phi_b\in\mathfrak{B}_2$ notwendig gelten muß, damit die soeben genannten Voraussetzungen erfüllt sind.

Das Lemma von Smith, angewendet auf $\tau_x\varphi_a * \sum_{k=o}^{\infty} \varphi_a^{*k}$ in

$$\int_o^\infty \Big(1-\int_o^t (1-\Phi_a(t-\zeta))\tau_y\Phi_b(\zeta)\big(\tau_x\varphi_a \overset{\zeta}{\underset{o}{*}} \sum_{k=o}^{\infty} \varphi_a^{*k}\big)d\zeta\Big)dt =$$

$$\int_o^\infty (1-\tau_x\Phi_a(t))dt+\int_o^\infty\Big(\tau_x\Phi_a(t)-\int_o^t(1-\Phi_a(t-\zeta)\tau_y\Phi_b(\zeta)\big(\tau_x\varphi_a \overset{\zeta}{\underset{o}{*}} \sum_{k=o}^{\infty} \varphi_a^{*k}\big)d\zeta\Big)dt=$$

$$\int_o^\infty (1-\tau_x\Phi_a(t))dt+\int_o^\infty \int_o^t (1-\Phi_a(t-\zeta))(1-\tau_y\Phi_b(\zeta))\big(\tau_x\varphi_a \overset{\zeta}{\underset{o}{*}} \sum_{k=o}^{\infty} \varphi_a^{*k}\big)d\zeta\; dt =$$

$$\int_0^\infty (1-\tau_x\phi_a(t)dt + \int_0^\infty (1-\phi_a(t))dt \int_0^\infty (1-\tau_y\phi_b(\zeta))(\tau_x\varphi_a \overset{\zeta}{\underset{0}{*}} \sum_{k=0}^\infty \varphi_a^{*k})d\zeta$$

liefert unter den Voraussetzungen ϕ_a, $\phi_b \in \mathfrak{B}_2$ und $\lim_{t\to\infty} \varphi_a(t)=o$ die Existenz des soeben durch Umwandlung betrachteten Integrals, der Satz von Fubini, angewandt auf

$$\int_0^\infty \int_0^t (1-\phi_a(t-\zeta)) \int_0^\zeta (1-\phi_b(\zeta_1))u^1(z;\zeta_1,\zeta|N)d\zeta_1 d\zeta\ dt$$

liefert unter den Voraussetzungen ϕ_a, $\phi_b \in \mathfrak{B}_2$ und der Annahme,

$$\int_{\zeta_1}^\infty u^1(z;\zeta_1,\zeta|N)d\zeta$$

sei eine auf $\mathbb{R}_+$ für jede Wahl von $z\in\mathfrak{Z}_N$ beschränkte Funktion, die Existenz des zweiten Integrals.

Beide Voraussetzungen zusammen garantieren wegen (II.26a) die Existenz von $\int_0^\infty (1-\phi_r(z;t|N)dt$ und liefern so

<u>Satz 14:</u>

Notwendig für die Endlichkeit der Integrale $\int_0^\infty \hat{p}_\nu^z(t|N)dt$ für $z\in\mathfrak{Z}_N$, $\nu\in\{o,1,\ldots,N\}$ sind die Bedingungen $\phi_a,\phi_b\in\mathfrak{B}_2$.

Hinreichend sind die Bedingungen $\phi_a,\phi_b\in\mathfrak{B}_2$ und $\lim_{t\to\infty} \varphi_a(t)=o$ sowie die Existenz einer Zahl C, sodaß für alle $\zeta_1\in R_+$, $z\in\mathfrak{Z}_N$ $\int_{\zeta_1}^\infty u^1(z;\zeta_1,\zeta|N)d\zeta \leq C$ für die aus den Lösungen u_ν^1 des Systems (II,25b-c) gebildete Funktion $u^1 = \sum_{\nu=2}^{N-1} u_\nu^1$.

Wir haben daher noch zu untersuchen, welche Voraussetzungen über ϕ_a und ϕ_b die in Satz 14 benötigte Eigenschaft der Funktion u^1 garatieren und müssen uns daher wieder mit (II. 25b-c) beschäftigen.

<u>Folgerung 25.</u>

Unter den Voraussetzungen von Satz 14 gilt:

$$\frac{1}{\lambda_r(z|N)} = \frac{1}{\lambda_a(x)} + \frac{1}{\lambda_a(o)} \Big\{\int_o^\infty (1-\tau_y\phi_b(\zeta))(\tau_x\varphi_a \overset{\zeta}{\underset{o}{*}} \sum_{k=o}^{\infty} \varphi_a^{*k})d\zeta +$$

$$\int_o^\infty (1-\phi_b(\zeta))\int_\zeta^\infty u^1(z;\zeta,\zeta_1|N)d\zeta_1 d\zeta\Big\} \qquad (4a)$$

$$\frac{1}{\lambda_r(z^*|N)} = \frac{1}{\lambda_a(o)} \Big\{1+\int_o^\infty (1-\phi_b(\zeta))\{\sum_{k=1}^{\infty} \varphi_a^{*k}(\zeta)+\int_\zeta^\infty u^1(z^*;\zeta,\zeta_1|N)d\zeta_1\}d\zeta\Big\}.$$

Für N=1 ist u^1=o, so daß eine Bedingung über u^1 entfällt. In diesem Fall erhalten wir die bekannten [Pyke, 1961], [Schmidt, 1967] Grenzwahrscheinlichkeiten $\lim_{t\to\infty} p_o^z(t|1)=1-\frac{\lambda_a(o)}{\lambda_b(o)} \cdot \frac{1}{1+\int_o^\infty (1-\phi_b(\zeta))\sum_{k=1}^{\infty}\varphi_a^{*k}(\zeta)d\zeta}$

und $\lim_{t\to\infty} p_1^z(t|1) = \frac{\lambda_a(o)}{\lambda_b(o)} \cdot \frac{1}{1+\int_o^\infty (1-\phi_b(\zeta))\sum_{k=1}^{\infty}\varphi_a^{*k}(\zeta)d\zeta}$ (4b)

Aus (II,26a) folgt nun durch Aufsummieren der Integralgleichungen für alle $z=(n,x,y)\in\mathfrak{Z}_N$, $n\geq 1$, $o\leq\xi\leq\eta$,

$$u^1(z;\xi,\eta|N)$$
$$= \int_o^\xi \varphi_a(\zeta)u^1(z;\xi-\zeta,\eta-\zeta|N)d\zeta$$
$$+ \int_\xi^\eta \varphi_a(\zeta)\int_\zeta \sum_{k=2}^{N} u_k^1(z;\zeta_1-\zeta,\eta-\zeta|N)\int_o^{\zeta-\xi} \sum_{\nu=o}^{k-2} \varphi_b^{*\nu}(\zeta_2)\varphi_b(\zeta_1-\xi-\zeta_2)d\zeta_2 d\zeta_1 d\zeta$$
$$+h(z;\xi,\eta|N) \qquad (5a)$$

und vermöge $\sum_{\nu=o}^{k-2} \varphi_b^{*\nu}(\zeta_2) \leq \sum_{\nu=o}^{N-2} \varphi_b^{*\nu}(\zeta_2)$ für $k=2,3,\dots,N$

$$u^1(z;\xi,\eta|N)$$
$$\leq \int_o^\xi \varphi_a(\zeta)u^1(z;\xi-\zeta,\eta-\zeta|N)d\zeta$$
$$+ \int_\xi^\eta \varphi_a(\zeta) \int_\zeta^\eta u^1(z;\zeta_1-\zeta,\eta-\zeta|N)\int_o^{\zeta-\xi} \sum_{\nu=o}^{N-2} \varphi_b^{*\nu}(\zeta_2)\varphi_b(\zeta_1-\xi-\zeta_2)d\zeta_2 d\zeta_1 d\zeta \ .$$
$$+h(z;\xi,\eta|N). \qquad (5b)$$

Dabei sind

$$h(z;\xi,\eta|N) := \sum_{\nu=2}^{N} h_\nu(z;\xi,\eta|N) \quad \text{und} \qquad (5c)$$

$$h_\nu(z;\xi,\eta|N) :=$$

$$\int_\xi^\eta \varphi_a(\zeta) \sum_{k=\nu}^{N} q_x(k-n-1;t-\zeta|N) \int_o^{\zeta-\xi} \varphi_b^{*k-\nu}(\zeta_1)\tau_y\varphi_b(\eta-\xi-\zeta_1)d\zeta_1 d\zeta +$$

$$\tau_x\varphi_a(\eta)q_y(n-\nu;\eta-\xi|N) \quad \text{gesetzt.}$$

Ist N=2, so ist (5) eine echte Integralgleichung und stimmt mit der für diesen Fall einzigen Integralgleichung von (26a) überein. Wird aus (5b) für N>2 die Integralgleichung

$$v(z;\xi,\eta|N) \qquad (5d)$$

$$= \int_o^\xi \varphi_a(\zeta)v(z;\xi-\zeta,\eta|N)d\zeta$$

$$+ \int_\xi^\eta \varphi_a(\zeta)\int_\zeta^\eta v(z;\zeta_1-\zeta,\eta-\zeta|N) \int_o^{\zeta-\xi} \sum_{\nu=o}^{N-2} \varphi_b^{*\nu}(\zeta_2)\varphi_b(\zeta_1-\xi-\zeta_2)d\zeta_2 d\zeta_1 d\zeta$$

$$+ h(z;\xi,\eta|N)$$

für $z=(n,x,y)\in\mathfrak{Z}_N$, $n\geq 1$, $o\leq\xi\leq\eta$, gebildet, so gilt

<u>Satz 15:</u>

Die Integralgleichung (5d) besitzt eine über ihrem Gültigkeitsbereich erklärte, stetige, nichtnegative Lösung v – und nur eine – mit folgenden Eigenschaften:

(i) v ist Grenzwert der monotonen Iterationsfolge der Inhomogenität h, wobei die Konvergenz auf jedem Kompaktum des Definitionsbereiches gleichmäßig erfolgt.

(ii) Für die aus (26a) "bekannte" Funktion u^1 gilt stets $u^1(z;\xi,\eta|N)\leq v(z;\xi,\eta|N)$.

Beweis:

Teil (i) der Behauptung folgt analog Teil (ii) von Satz 8b aus dem Banachschen Fixpunktsatz bei Verwendung der Normen

$$\|v\|_t := \operatorname*{ess\,sup}_{0\leq\xi\leq\eta\leq t} |v(z;\xi,\eta|N)|.$$

Zum Nachweis von Teil (ii) werden die Folgenglieder der Iterationsfolgen zu (26a) und (5d) miteinander verglichen: Zunächst gilt (5c). Wird für (26a) wie folgt iteriert:

$$h_\nu^1(z;\xi,\eta|N) := 0 \qquad \nu=1$$

$$:= h_\nu(z;\xi,\eta|N) \qquad 1<\nu\leq N \quad \text{und für} \quad i\in\mathbb{N}$$

$$h_\nu^{i+1}(z;\xi,\eta|N) :=$$

$$= 0 \qquad \nu=1$$

$$= \int_0^\xi \varphi_a(\zeta)h_{\nu-1}^i(z;\xi-\zeta,\eta-\zeta|N)d\zeta$$

$$+ \int_\xi^\eta \varphi_a(\zeta) \int_k^\eta \sum_{k=\nu}^N h_k^i(z;\zeta_1-\zeta,\eta-\zeta|N) \int_0^{\zeta-\xi} \varphi_b^{*k-\nu}(\zeta_2)\varphi_b(\zeta_1-\xi-\zeta_2)d\zeta_2 d\zeta_1 d\zeta$$

$$+ h_\nu(z;\xi,\eta|N) \qquad 1<\nu<N$$

$$= \int_0^\xi \varphi_a(\zeta)(h_{\nu-1}^i(z;\xi-\zeta,\eta-\zeta|N)+h_\nu^i(z;\xi-\zeta,\eta-\zeta|N))d\zeta$$

$$+ \int_\xi^\eta \varphi_a(\zeta)\int_\zeta^\eta \sum_{k=\nu}^N h_k^i(z;\zeta_1-\zeta,\eta-\zeta|N) \int_0^{\zeta-\xi} \varphi_b^{*k-\nu}(\zeta_2)\varphi_b(\zeta_1-\xi-\zeta_2)d\zeta_2 d\zeta_1 d\zeta$$

$$+ h_\nu(z;\xi,\eta|N) \qquad \nu=N$$

und für (5d)

$$h^1(z;\xi,\eta|N) := h(z;\xi,\eta|N) \quad \text{und für} \quad i\in\mathbb{N} \tag{5e}$$

$$h^{i+1}(z;\xi,\eta|N) :=$$

$$= \int_0^\xi \varphi_a(\zeta)h^i(z;\xi-\zeta,\eta-\zeta)d\zeta$$

$$+ \int_{\xi}^{\eta}\varphi_a(\zeta)\int_{\zeta}^{\eta}h^i(z;\zeta_1-\zeta,t-\zeta|N)\int_{o}^{\zeta-\xi}\sum_{\nu=o}^{N-2}\varphi_b^{*\nu}(\zeta_2)\varphi_b(\zeta_1-\xi-\zeta_2)d\zeta_2 d\zeta_1 d\zeta$$

$$+ h(z;\xi,\eta|N)$$

gesetzt, so folgt stets

$$\sum_{\nu=1}^{N} h_{\nu}^i(z;\xi,\eta|N) \leq h^i(z;\xi,\eta|N)$$

und aus dem Konvergenzverhalten der Iterationsfolgen die Behauptung.

Somit ist die in Satz 14 von der Funktion u^1 angenommene Eigenschaft gesichert, wenn die durch Satz 2 gekennzeichnete Lösung v von (5d) die gleiche Eigenschaft besitzt. Dazu genügt es auf Grund des Satzes von B. LEVI über die Integration monotoner Folgen zu wissen, daß

$$\lim_{i\to\infty}\int_{\xi}^{\infty} h^i(z;\xi,\eta|N)d\eta$$

existiert und eine auf $\mathbb{R}_{+o}$ beschränkte Funktion darstellt.

Die folgenden Abschätzungen sichern zunächst die Existenz der Integrale $\int_{\xi}^{\infty}h^i(z;\xi,\eta|N)d\eta$.

Aus den Darstellungen (5c) folgt zunächst in einfacher Weise

$$\int_{\xi}^{\infty}h(z;\xi,\eta|N)d\eta \leq M\left(\frac{1}{1-\phi_b(y)}+\frac{1}{1-\phi_a(x)}\right)(1-\phi_a(\xi))$$

$$=: M(z)(1-\phi_a(\xi)),$$

wobei M eine obere Schranke der wegen der Voraussetzungen $\phi_a,\phi_b\in\mathfrak{B}_2$, $\lim_{t\to\infty}\varphi_a(t)=o$ beschränkten, nichtnegativen Funktionen

$$\sum_{k=1}^{N-1} q_x(k-n;t|N) \quad \text{und} \quad \sum_{\nu=2}^{N} q_y(n-\nu;t|N)$$

darstellt, und die Abschätzungen

$$1-\tau_x\phi_a(t) \leq \frac{1-\phi_a(t)}{1-\phi_a(x)}, \quad 1-\tau_y\phi_b(t) \leq \frac{1-\phi_b(t)}{1-\phi_b(y)}$$

verwendet wurden.

Durch vollständige Induktion in (5e) ergibt sich die allgemeine Abschätzung

$$\int_{\xi}^{\infty} h^{i}(z;\xi,\eta|N)d\eta \leq M(z)\cdot 2^{i-1}(1-\phi_a^{*i}(\xi)), \qquad (i\in\mathbb{N}), \qquad (5f)$$

aus der in trivialer Weise

$$\lim_{\xi\to\infty} \int_{\xi}^{\infty} h^{i}(z;\xi,\eta|N)d\eta = o \quad \text{und} \qquad (5g)$$

$$\int_{o}^{\infty}\int_{\xi}^{\infty} h^{i}(z;\xi,t|N)d\eta\, d\xi < \infty \quad \text{für alle } i\in\mathbb{N}$$

folgen.

Leider ist diese Abschätzung zu grob, um daraus Schlüsse auf das Konvergenzverhalten der durch

$$\check{h}^{i}(z;\xi|N) := \int_{\xi}^{\infty} h^{i}(z;\xi,\eta|N)d\eta, \quad i\in\mathbb{N}, \quad z=(n,x,y)\in\mathfrak{Z}_N, \quad n\geq 1, \quad \xi\in\mathbb{R}_{+o}$$

gegebenen Funktionenfolge zu gewinnen.

Es gilt jedoch folgender

<u>Hilfssatz 1:</u>

(i) Konvergiert die notwendig monotone Folge der $h^{i}(z;\xi|N)$ für alle $\xi\in\mathbb{R}_{+o}$ gegen eine Grenzfunktion $\check{v}(z;\xi|N)$, so gilt für diese

$$\check{v}(z;\xi|N) = \int_{o}^{\xi}\varphi_a(\zeta)\check{v}(z;\xi-\zeta|N)d\zeta \qquad (6b)$$
$$+ \int_{o}^{\infty}\varphi_a(\zeta+\xi)\int_{o}^{\infty}\check{v}(z;\zeta_1|N)\int_{o}^{\zeta}\sum_{\nu=o}^{N-2}\varphi_b^{*\nu}(\zeta_2)\varphi_b(\zeta_1+\zeta-\zeta_2)d\zeta_2 d\zeta_1 d\zeta$$
$$+ \check{h}^{1}(z;\xi|N);$$

sie ist somit Lösung der formal integrierten Integralgleichung (5d).

(ii) Für jede nichtnegative Lösung $\check{v}(z;\xi|N)$ der Integralgleichung (6b) gilt notwendig für alle $i\in\mathbb{N}$

$\check{h}^i(z;\xi|N) \leq \check{v}(z;\xi|N)$,

sodaß dann $\lim_{i\to\infty} \check{h}^i(z;\xi|N) = \int_\xi^\infty v(z;\xi,\eta|N)d\eta$ existiert und (6b) löst.

Beweis:

Teil (i) folgt aus (5e) durch Integration dieser Rekursionsformeln, der Anwendung des wiederholt zitierten Satzes von B. LEVI über die Integration monotoner Funktionenfolgen. Die Abschätzung in Teil (ii) ist für i=1 trivial und folgt für i>1 mit Hilfe vollständiger Induktion.

Nun gilt aber

<u>Hilfssatz 2</u>

(i) Die Integralgleichungen (6b) und

$$\check{v}(z;\xi|N)=\int_o^\infty \check{v}(z;\zeta|N)\int_o^\infty \phi_a(\zeta_1,\xi)\int_o^{\zeta_1}\sum_{\nu=o}^{N-2} \varphi_b^{*\nu}(\zeta_2)\varphi_b(\zeta+\zeta_1-\zeta_2)d\zeta_2 d\zeta_1 d\zeta$$

$$+ k(z;\xi|N) \text{ mit} \tag{6c}$$

$$\phi_a(\zeta_1,\xi) := \varphi_a(\zeta_1+\xi) + \int_o^\xi \varphi_a(\zeta_1+\xi_1)\sum_{k=1}^\infty \varphi_a^{*k}(\xi-\xi_1)d\xi_1 \quad \text{und} \tag{6d}$$

$$k(z;\xi|N) := h^1(z;\xi|N) + \int_o^\xi h^1(z;\xi_1|N)\sum_{k=1}^\infty \varphi_a^{*k}(\xi-\xi_1)d\xi_1 \tag{6e}$$

besitzen im Bereich der für $z=(n,x,y)\in\mathfrak{Z}_N$ $n\geq 1$, $\xi\in\mathbb{R}_{+o}$ erklärten, in ξ meßbaren und beschränkten Funktionen die selben Lösungen, wenn $\phi_a,\phi_b\in\mathfrak{B}_2$ und $\lim_{t\to\infty}\varphi_a(t)=o$ gelten.

(ii) Diese Eigenschaften von ϕ_a und ϕ_b sichern aber auch die Existenz genau einer solchen Lösung für jedes $z\in\mathfrak{Z}_N$, die zudem nichtnegative Werte besitzt.

Beweis:

Die Aussage von Teil (i) beruht auf der Lösungstheorie für Volterrasche Integralgleichungen der Art

$$v(t) = g(t) + v \overset{t}{\underset{o}{*}} \varphi_a \quad \text{mit der Lösung} \tag{7a}$$

$$v(t) = g(t) + g \overset{t}{\underset{o}{*}} \sum_{k=1}^{\infty} \varphi_a^{*k}, \tag{7b}$$

woraus g(t) vermöge $v(t) - v \overset{t}{\underset{o}{*}} \varphi_a$ eindeutig zurückgewonnen werden kann.

Bei der Anwendung dieser Formeln ist jedoch zu beachten, daß wegen der Voraussetzung über ϕ_a und ϕ_b für eine meßbare, beschränkte Funktion $\check{v}$

$$g(t) := \int_o^{\infty} \varphi_a(\zeta+t) \int_o^{\infty} \check{v}(z;\zeta_1|N) \int_o^N \sum_{\nu=o}^{N-2} \varphi_b^{*\nu}(\zeta_2)\varphi_b(\zeta_1+\zeta-\zeta_2)d\zeta_2 d\zeta_1 d\zeta$$

$$+ h^1(z;t|N)$$

zur Klasse $L_1(o,\infty)$ gehört und somit die mit Hilfe von (7b) aus (6b) errechnete Integralgleichung (6c) auf dem angegebenen Funktionenraum agiert. Dieser Schluß wird über das Lemma von Smith geführt, wobei noch die Eigenschaften (5g) für h^1 benutzt werden.

Zum Nachweis des zweiten Teiles dieses Lemmas genügt es zu zeigen, daß der die Integralgleichung (6c) regierende lineare Operator eine Norm kleiner 1 besitzt. Verwendet man die übliche, über $\sup_{\xi \in \mathbb{R}_{+o}} |v(z;\xi|N)|$ erklärte Norm, so ist, wie aus (6c) ersichtlich, die besagte Eigenschaft des Operators mit der Eigenschaft

$$\inf_{\xi \in \mathbb{R}_{+o}} \int_o^{\infty} \phi_a(\zeta,\xi)\phi_b^{*N-1}(\zeta)d\zeta > o \tag{7c}$$

äquivalent.

(7c) ist bewiesen, wenn die Gegenannahme

$$\inf_{\xi \in \mathbb{R}_{+o}} \int_o^{\infty} \phi_a(\zeta,\xi)\phi_b^{*N-1}(\zeta)d\zeta = o \quad (<o \text{ ist unmöglich}) \tag{7d}$$

zum Widerspruch mit den Voraussetzungen über ϕ_a und ϕ_b führt.

Ist (7d) richtig, so gibt es entweder

α: eine gegen eine Zahl $\xi_o \in \mathbb{R}_{+o}$ konvergierende Folge (Teilfolge) $(\xi_n)_{n=1}^{\infty}$, $\xi_n \in \mathbb{R}_{+o}$ mit

$$o = \lim_{n\to\infty} \int_o^{\infty} \phi_a(\zeta,\xi_n)\phi_b^{*N-1}(\zeta)d\zeta$$

$$\geq \int_o^{\infty} \underline{\lim}_{n\to\infty} \phi_a(\zeta,\xi_n)\phi_b^{*N-1}(\zeta)d\zeta = \int_o^{\infty} \phi_a(\zeta,\xi_o)\phi_b^{*N-1}(\zeta)d\zeta \geq o$$

(auf Grund des Lemma von Fatou und der Stetigkeit von ϕ_a) oder

β: eine gegen $+\infty$ divergierende Folge (Teilfolge) mit

$$o = \lim_{n\to\infty} \int_o^{\infty} \phi_a(\zeta,\xi_n)\phi_b^{*N-1}(\zeta)d\zeta$$

$$\geq \int_o^{\infty} \underline{\lim}_{n\to\infty} \phi_a(\zeta,\xi_n)\phi_b^{*N-1}(\zeta)d\zeta = \int_o^{\infty} (1-\Phi_a(\zeta))\phi_b^{*N-1}(\zeta)d\zeta \geq o.$$

In beiden Fällen widersprechen diese Aussagen den Eigenschaften den Voraussetzungen über Φ_a und Φ_b. Im Fall β ist dieser Widerspruch offensichtlich. Im Fall α schließt man zuerst, daß φ_a notwendig ab einer bestimmten Stelle identisch verschwindet, was aber ab dieser Stelle $\Phi_a(t)=1$ zur Folge hätte.

Damit ist das Ziel dieses Abschnittes erreicht:

<u>Satz 16:</u> Gelten die Voraussetzungen $\Phi_a, \Phi_b \in \mathfrak{B}_2$, $\lim_{t\to\infty} \varphi_a(t)=o$, so besitzt der Prozeß $\{n_t; t\in T\}$ für $t\to\infty$ eine nichtausgeartete Verteilung, die unabhängig vom Anfangszustand $z\in\mathfrak{Z}_N$ ist, Erneuerungsperioden und "busy periods" sind mit der Wahrscheinlichkeit 1 endlich und besitzen endliche Erwartungswerte.

10. Stabilität bei unendlichem Warteraum.

Gemäß unserer Erfahrungen in dem Spezialfall

$\Phi_a(t)=1-e^{-\lambda t}$, $\Phi_b \in \mathfrak{B}_2$

haben wir für $\frac{\lambda_a(o)}{\lambda_b(o)} < 1$, $\frac{\lambda_a(o)}{\lambda_b(o)} = 1$, $\frac{\lambda_a(o)}{\lambda_b(o)} > 1$

unterschiedliches Verhalten zu erwarten:

Diesen Erwartungen entsprechend formulieren und beweisen wir:

Satz 17:

(i) Ist $\int_o^\infty (1-\phi_r(z;t))dt<\infty$, so gelten

$$\lim_{t\to\infty} \phi_r(z;t)=\lim_{t\to\infty} \phi_{bp}(z;t)=1$$

$\int_o^\infty (1-\phi_{bp}(z;t))dt<\infty$ und für alle $\nu\in \mathbb{N}\cup\{o\} \int_o^\infty \hat{p}_\nu^z(t)dt<\infty$.

(ii) Gilt $\lim_{t\to\infty} \phi_{bp}(z;t)<1$, so auch

$\lim_{t\to\infty} \phi_r(z;t)<1$ und $\int_o^\infty (1-\phi_r(z;t))dt = +\infty$.

Wegen $o\leq\phi_r(z;t)\leq\phi_{bp}(z;t|\infty)$, der Monotonie dieser Verteilungsfunktionen und $1-\phi_r(z;t)=\sum_{\nu=o}^\infty \hat{p}_\nu^z(t)$ sowie $\hat{p}_\nu^z(t)\geq o$ sind die Behauptungen trivial.

Aus diesem Grund untersuchen wir - eingeschränkt auf $z=z^*=(1,o,o)$ zunächst für $\check{s}>o$

$\int_o^\infty e^{-\check{s}t}(1-\phi_r(z^*;t))dt$ und $\check{s}\int_o^\infty e^{-\check{s}t}\phi_{bp}(z^*;t)dt$

um aus der Betrachtung des Grenzüberganges $\check{s}\downarrow o$ die beiden unterschiedlichen Voraussetzungen und ihre Folgen zu verifizieren.

Eine einfache Umformung liefert zunächst

$$\int_o^\infty e^{-\check{s}t}(1-\phi_r(z^*;t))dt=\frac{1}{\check{s}}(1-\int_o^\infty e^{-\check{s}t}\varphi_r(z^*;t)dt) \text{ für } \check{s}>o, \tag{8a}$$

und aus den Darstellungen (II, 1oc) erhalten wir für jedes α mit $o\leq\alpha<\check{s}$:

$$\int_0^\infty e^{-\check{s}t}\varphi_r(z^*;t)dt=\int_0^\infty(\varphi_a(t)e^{-\alpha t})(\phi_b(t)e^{-(\check{s}-\alpha)t})dt \tag{8b}$$

$$+\int_0^\infty\varphi_a(\zeta)e^{-\alpha\zeta}\int_0^\zeta(\phi_b(\zeta_1)e^{-(\check{s}-\alpha)\zeta_1})(u_1^2(z^*;\zeta-\zeta_1,\check{s})e^{\alpha(\zeta-\zeta_1)})d\zeta_1 d\zeta.$$

Die Voraussetzungen über ϕ_a und ϕ_b sichern, daß für jedes $o\leq\alpha<\check{s}$ $\varphi_a(t)e^{-\alpha t}$, $\phi_b(t)e^{-(\check{s}-\alpha)t}$ und $u_1^2(z^*;t,\check{s})e^{\alpha t}$ dem Funktionenraum $L_2(-\infty,\infty)$ (die betreffenden Funktionen sind auf der negativ reellen Achse identisch o) angehören, wobei die folgenden Laplacetransformierten in der möglichen Interpretation als Fouriertransformierte absolut und gleichmäßig konvergieren und in der Variable $\beta\in\mathbb{R}$ stetig sind.

$$\varphi_a^+(\alpha-i\beta)=\int_{-\infty}^\infty e^{i\beta t}(\varphi_a(t)e^{-\alpha t})dt, \tag{8c}$$

$$\phi_b^-(\alpha-i\beta-\check{s})=\int_{-\infty}^\infty e^{-i\beta t}(\phi_b(t)e^{-(\check{s}-\alpha)t})dt=\frac{\varphi_b^-(\alpha-i\beta-\check{s})}{-(\alpha-i\beta-\check{s})}\quad\text{mit}$$

$$\varphi_b^-(\alpha-i\beta-\check{s})=\int_{-\infty}^\infty e^{-i\beta t}(\varphi_b(t)e^{-(\check{s}-\alpha)t})dt\quad\text{und}$$

$$u_1^-(z^*;\alpha-i\beta,\check{s})=\int_{-\infty}^\infty e^{-i\beta t}(u_1^2(z^*;t,\check{s})e^{\alpha t})dt.$$

Die Parsevalsche Gleichung und der Faltungssatz für Laplacetransformierte liefern dann – zunächst als Lebesgueintegral –

$$\int_0^\infty e^{-\check{s}t}\varphi_r(z^*;t)dt=-\frac{1}{2\pi i}\int_{-\infty}^\infty\frac{\varphi_a^+(\alpha-i\beta)\varphi_b^-(\alpha-i\beta-\check{s})}{\alpha-i\beta-\check{s}}d\beta \tag{8d}$$

$$-\frac{1}{2\pi i}\int_{-\infty}^\infty\frac{\varphi_a^+(\alpha-i\beta)\varphi_b^-(\alpha-i\beta-\check{s})u_1^-(z^*;\alpha-i\beta,\check{s})}{\alpha-i\beta-\check{s}}d\beta$$

$$=-\frac{1}{2\pi i}\int_{\alpha-i\infty}^{\alpha+i\infty}\frac{\varphi_a^+(w)\varphi_b^-(w-\check{s})}{w-\check{s}}dw$$

$$-\frac{1}{2\pi i}\int_{\alpha-i\infty}^{\alpha+i\infty}\frac{\varphi_a^+(w)\varphi_b^-(w-\check{s})u_1^-(z^*;w,\check{s})}{w-s}dw$$

Da aber die Integranden stetig sind, existieren die benutzten Integrale auch als Riemannintegrale (uneigentlich) für jedes $o \leq \alpha < \check{s}$, sodaß jetzt auf (II, 19e) die Wiener-Hopf-Zerlegung begründet angewendet werden darf und

$$\int_o^\infty e^{-\check{s}t} \varphi_r(z^*;t)dt = -(1-\varphi_a^+(\check{s}))w^+(z^*;\check{s},\check{s}) \tag{8e}$$

ergibt.

Analoges Vorgehen bringt über die Darstellung von φ_{bp}

$$\check{s}\int_o^\infty e^{-\check{s}t}\phi_{bp}(z^*;t)dt = \int_o^\infty e^{-\check{s}t}\varphi_{bp}(z^*;t)dt \tag{8f}$$

$$= \varphi_b^-(-\check{s}) - (1-\varphi_b^-(-\check{s}))u_1^-(z^*;o,\check{s}).$$

Werden für $\check{s}>o$

$$X^+(s,\check{s}) := \frac{(1-\varphi_a^+(s))w^+(z^*;s,\check{s})+1}{1-\varphi_a^+(s)} \quad \text{in } Re(s)>o \quad \text{und} \tag{9a}$$

$$X^-(s,\check{s}) := (1-\varphi_b^-(s-\check{s}))(u_1^-(z^*;s,\check{s})+1) \text{ in } Re(s)<\check{s} \tag{9b}$$

gesetzt, so gelten

$$\int_o^\infty e^{-\check{s}t}(1-\phi_r(z^*;t)dt = \frac{(1-\varphi_a^+(\check{s}))}{\check{s}} \quad X^+(\check{s},\check{s}), \tag{1oa}$$

$$\check{s}\int_o^\infty e^{-\check{s}t}\phi_{bp}(z^*;t)dt = 1-X^-(o,\check{s}) \quad \text{und aus (II,19e) die beiden} \tag{1ob}$$

äquivalenten, multiplikativen Wiener-Hopf-Probleme

$$\frac{(1-\varphi_a^+(s)\varphi_b^-(s-\check{s}))}{1-\varphi_a^+(s)} \quad \frac{X^-(s,\check{s})}{1-\varphi_b^-(s-\check{s})} = X^+(s,\check{s}) \tag{1oc}$$

$$\frac{(1-\varphi_a^+(s)\varphi_b^-(s-\check{s}))}{1-\varphi_b^-(s-\check{s})} \quad X^-(s,\check{s}) = (1-\varphi_a^+(s))X^+(s,\check{s}) \tag{1od}$$

in $o<Re(s)<\check{s}$.

Die Voraussetzungen über ϕ_a und ϕ_b sichern, daß in diesem Streifen der komplexen s-Ebene $|\varphi_a^+(s)|<1$ und $|\varphi_b^-(s-\check{s})|<1$ sind, sodaß für jede Wahl von $\check{s}>o$ und s aus dem bezeichneten Streifen die Kerne der beiden Wiener-Hopf-Probleme (1o c-d) in der folgenden Punktmenge $\mathfrak{F}$ der komplexen ζ-Ebene liegen:

$$\mathfrak{F} := \bigcup_{|\zeta_2|<1} \mathfrak{F}_{\zeta_2} \text{ mit } \mathfrak{F}_{\zeta_2} := \{\zeta = \frac{1-\zeta_1\zeta_2}{1-\zeta_1}\ ;\ |\zeta_1|<1 \text{ und } |\zeta_2|<1 \text{ fest}\}.$$

Eine eingehende Diskussion der konformen Abbildungen

$$\zeta = \frac{1-\zeta_1\cdot\zeta_2}{1-\zeta_1} \quad \text{bei festem } \zeta_2 \text{ mit } |\zeta_2|<1$$

zeigt, daß $\mathfrak{F}$ die Vereinigung offener Halbebenen darstellt und dabei die negative, reelle Achse der ζ-Ebene einschließlich des Ursprungs nicht enthält.

Mit der Funktion log ζ, deren Zweig so festgelegt ist, daß der Schnitt von o entlang der negativ-reellen Achse nach ∞ geführt wird, das Argument dieser Funktion auf dem unteren Ufer zu $-\pi$, auf dem oberen zu π festgesetzt wird und damit für positiv-reelle Werte den reellen Logarithmus liefert, ergibt die Wiener-Hopf-Technik für (1o c-d), da die Kerne für $|s|\to\infty$ im Streifen gegen 1 konvergieren, die folgenden Lösungen:

$$X^-(s,\check{s}) = (1-\varphi_b^-(s-\check{s}))\exp\{-\frac{1}{2\pi i}\int_{\alpha-i\infty}^{\alpha+i\infty}\frac{\frac{1-\varphi_a^+(w)\varphi_b^-(w-\check{s})}{1-\varphi_a^+(w)}}{w-s}\,dw\}, \qquad (11a)$$

$$u_1^-(z^*;s,\check{s} \quad = \exp\{-\frac{1}{2\pi i}\int_{\alpha-i\infty}^{\alpha+i\infty}\frac{\frac{1-\varphi_a^+(w)\varphi_b^-(w-\check{s})}{1-\varphi_a^+(w)}}{w-s}\,dw\} -1, \qquad (11b)$$

$$X^-(s,\check{s}) = \exp\{-\frac{1}{2\pi i}\int_{\alpha-i\infty}^{\alpha+i\infty} \frac{\dfrac{1-\varphi_a^+(w)\varphi_b^-(w-\check{s})}{1-\varphi_b^-(w-\check{s})}}{w-s}\,dw\} \text{ für } Re(s)<\alpha<\check{s} \qquad (11c)$$

$$X^+(s,\check{s}) = \exp\{-\frac{1}{2\pi i}\int_{\alpha-i\infty}^{\alpha+i\infty} \frac{\dfrac{1-\varphi_a^+(w)\varphi_b^-(w-\check{s})}{1-\varphi_a^+(w)}}{w-s}\,dw\} \text{ für } o<\alpha<Re(s). \qquad (11d)$$

(11a) und (11c) gehen durch einfache Umformungen auseinander hervor, doch sind beide Darstellungen, wie die folgende Ueberlegung zeigen wird, notwendig für unsere Untersuchungen.

Auf Grund der Aussage von Satz 17 der Darstellungen (9a-b) und (1oa-b) existieren

$\int_o^\infty (1-\phi_r(z^*;t))dt$ und $\int_o^\infty \hat{p}_\nu^{z^*}(t)dt$ für $\nu\in\mathbb{N}\cup\{o\}$, wenn

$\lim_{\check{s}\downarrow o} X^+(\check{s},\check{s})$ existiert und endlich ist, und es gilt

$\lim_{t\to\infty} \phi_r(z^*;t)<1$, wenn $\lim_{\check{s}\downarrow o} X^-(o,\check{s})>o$ ist.

Setzen wir daher in (11a-c) $s=o$ und in (11d) $s=\check{s}$ und bilden anschließend den formalen Grenzübergang $\check{s}\downarrow o$, so müssen, sollte der Grenzübergang nicht nur formal durchführbar sein, für den gewählten Zweig von $\log\zeta$ auch

$$g_1(w) := \frac{1-\varphi_a^+(w)\varphi_b^-(w)}{1-\varphi_a^+(w)} = 1 \quad -\varphi_a^+(w)\frac{1-\varphi_b^-(w)}{-w} \cdot \frac{w}{1-\varphi_a^+(w)} \qquad \text{und} \qquad (12a)$$

$$g_2(w) := \frac{1-\varphi_a^+(w)\varphi_b^-(w)}{1-\varphi_b^-(w)} = 1 \quad -\varphi_b^-(w)\,\frac{1-\varphi_a^+(w)}{w} \cdot \frac{-w}{1-\varphi_b^-(w)} \qquad \text{für} \qquad (12b)$$

$w=i\beta$, $\beta\in\mathbb{R}$ in $\mathfrak{F}$ liegen.

Da aus den bereits getroffenen Voraussetzungen über ϕ_a und ϕ_b $|\varphi_a^+(w)|<1$ und $|\varphi_b^-(w)|<1$ für $w=i\beta$, $\beta\in\mathbb{R}-\{o\}$ folgt, liegen die durch g_1 und g_2 beschriebenen Kurven - sie sind wegen der leicht zu verifizierenden Eigenschaft $g_1(i\beta)=\overline{g_1(-i\beta)}$ und $g_2(i\beta)=\overline{g_2(-i\beta)}$ zur reellen Achse symmetrisch und wegen der absoluten und gleichmäßigen Konvergenz auf der imaginären Achse der in ihrer Darstellung benutzten Laplacetransformierten stetig - für $\beta\in\mathbb{R}-\{o\}$ ebenfalls in $\mathfrak{F}$ und haben an der Stelle $\beta=o$ die Werte

$$g_1(o) = 1 - \frac{\lambda_a(o)}{\lambda_b(o)} \quad \text{und} \quad g_2(o) = 1 - \frac{\lambda_b(o)}{\lambda_a(o)}, \tag{12c}$$

sodaß g_1 nur dann ganz in $\mathfrak{F}$ verläuft, wenn $\lambda_a(o)/\lambda_b(o)<1$ und g_2 diese Eigenschaft nur dann besitzt, wenn $\lambda_a(o)/\lambda_b(o)>1$. Der Fall $\lambda_a(o)=\lambda_b(o)$ kann hier nicht untersucht werden, da man dann genau wissen muß, wie sich für $\beta\to o$ die Kurven g_1 und/oder g_2 dem Ursprung nähern.

Es werden daher in Zukunft die beiden Fälle

$\frac{\lambda_a(o)}{\lambda_b(o)} < 1$ - d.h. es können im Mittel mehr Kunden vom Bedienungsschalter abgefertigt werden als ankommen - und

$\frac{\lambda_a(o)}{\lambda_b(o)} > 1$ - es kommen im Mittel mehr Kunden zum Bedieungssystem als abgefertigt werden können -

zu unterscheiden sein.

Betrachtet man weiter die durch formalen Grenzübergang entstehenden Integrale, so können diese nur als Cauchy-Hauptwerte bei $w=o$ und für $w\to\infty$ einen Sinn haben. Es sind daher für die folgenden Betrachtu weitere Eigenschaften von ϕ_a und ϕ_b zu fordern, die wir zum Teil nur implizit formulieren werden, ohne besonderen Wert darauf zu legen, einerseits ein minimales System von Eigenschaften für diese Verteilungsfunktionen zu finden oder andererseits hinreichende Bedingungen zu suchen, die diese zusätzlichen, impliziten Eigenschaften garantieren.

Die Theorie der Cauchy-Hauptwerte [N.I. MUSCHELISCHWILI, 1953] benutzt wesentlich die Hölder-Stetigkeit (H-Stetigkeit) der in die Rechnungen eingehenden Funktionen.

Bezeichnen wir mit

$$f_1(w) := \log g_1(w) \quad \text{für} \quad \lambda_a(o)/\lambda_b(o) < 1 \quad \text{und} \quad w = i\beta,\ \beta \in \mathbb{R} \text{ sowie} \qquad (12d)$$

$$f_2(w) := \log g_2(w) \quad \text{für} \quad \lambda_a(o)/\lambda_b(o) > 1 \quad \text{und} \quad w = i\beta,\ \beta \in \mathbb{R}$$

so fordern wir:

(H): $\varphi_a^+(s)$, $(1-\varphi_a^+(s))/s$, $\varphi_b^-(s)$ und $(1-\varphi_b^-(s))/(-s)$ sind in den Umgebungen $Re(s) \geq o$ und $|s| \leq \delta_o$ bzw. $Re(-s) \geq o$ und $|s| \leq \delta_o$ für ein gewissen $\delta_o > o$ gleichmäßig H-stetig und es existieren für $\check{s} \geq o$ entsprechend unserer Fallunterscheidung die Hauptwertintegrale

$$VP \int_{-i\infty}^{i\infty} \frac{f_i(w)}{w-\check{s}}\, dw \qquad i = 1,2.$$

Zur Bestimmung des Grenzverhaltens von $X^+(\check{s},\check{s})$ und $X^-(o,\check{s})$ für $\check{s} \downarrow o$ in den beiden Fällen, genügt es – wegen der Stetigkeit der Exponentialfunktion – die folgenden Integrale zu untersuchen:

$$I_1(\check{s}) := \frac{1}{2\pi i} \int_{\alpha-i\infty}^{\alpha+i\infty} \frac{\log \dfrac{1-\varphi_a^+(w)\varphi_b^-(w-\check{s})}{1-\varphi_a^+(w)}}{w}\, dw, \qquad (13a)$$

$$I_2(\check{s}) := \frac{1}{2\pi i} \int_{\alpha-i\infty}^{\alpha+i\infty} \frac{\log \dfrac{1-\varphi_a^+(w)\varphi_b^-(w-\check{s})}{1-\varphi_a^+(w)}}{w-s}\, dw \quad \text{und} \qquad (13b)$$

$$I_3(\check{s}) := \frac{1}{2\pi i} \int_{\alpha - i\infty}^{\alpha + i\infty} \frac{\log \dfrac{1-\varphi_a^+(w)\varphi_b^-(w-\check{s})}{1-\varphi_b^-(w-\check{s})}}{w} \, dw. \qquad (13c)$$

Wir beginnen mit $I_1(\check{s})$ und dürfen den dort festgelegten Integrationsweg, da das in (12d) verwendete Integral auch als uneigentliches Riemannintegral für $\alpha = o$ und $\check{s} > o$ existiert, auf Grund des Verhaltens der Logarithmusfunktion an der Stelle 1 in den folgenden Weg deformieren, ohne den Wert des Integrals zu ändern. Das dabei entstehende Integral werden wir dann als Cauchy-Hauptwert auffassen, obwohl es für $\check{s} > o$ noch als uneigentliches Riemannintegral für $|w| \to \infty$ existiert.

Der neue Integrationsweg $\mathfrak{C}$ besteht aus den folgenden Teilwegen:

$\mathfrak{C}_1 := \{w = i\beta; -\infty < \beta \leq -\delta\}$, $\mathfrak{C}_5 := \{w = i\beta; \delta \leq \beta < \infty\}$,

$\mathfrak{C}_2 := \{w = i\beta; -\delta \leq \beta \leq -\frac{\check{s}}{2}\}$, $\mathfrak{C}_4 := \{w = i\beta; \frac{\check{s}}{2} \leq \beta \leq \delta\}$,

$\mathfrak{C}_3 := \{w = \frac{\check{s}}{2} e^{i\varphi}; -\frac{\pi}{2} \leq \varphi \leq \frac{\pi}{2}\}$.

Dabei wird die Größe von $\delta > o$ noch im Verlauf der weiteren Untersuchungen festgelegt.

Für festes $\delta > o$ konvergiert $\varphi_b^-(w-\check{s})$ mit $\check{s} \downarrow o$ gleichmäßig in $\mathfrak{C}_1 \cup \mathfrak{C}_5$ gegen $\varphi_b^-(w)$, sodaß

$$\lim_{\check{s} \downarrow o} \frac{1}{2\pi i} \, \mathrm{VP} \int_{\mathfrak{C}_1 \cup \mathfrak{C}_5} \frac{1}{w} \log \frac{1-\varphi_a^+(w)\varphi_b^-(w-\check{s})}{1-\varphi_a^+(w)} \, dw = \frac{1}{2\pi i} \, \mathrm{VP} \int_{\mathfrak{C}_1 \cup \mathfrak{C}_5} \frac{f_1(w)}{w} \, dw \qquad (14$$

gilt.

Auf $\mathfrak{C}_2 \cup \mathfrak{C}_3 \cup \mathfrak{C}_4$ werden wir

$$\log \frac{1-\varphi_a^+(w)\varphi_b^-(w-\check{s})}{1-\varphi_a^+(w)} = \log\left(1-\varphi_a^+(w) \, \frac{1-\varphi_b^-(w-\check{s})}{-(w-\check{s})} \cdot \frac{w}{1-\varphi_a^+(w)} \cdot \frac{w-\check{s}}{w}\right)$$

durch

$$\log(1-\frac{\lambda_a(o)}{\lambda_b(o)}\cdot\frac{w-\check{s}}{w})$$

ersetzen -(die zuletzt genannte Funktion ist ebenfalls eindeutig für $\lambda_a(o)/\lambda_b(o) < 1$ definiert, da $w\in \mathfrak{C}_2\cup\mathfrak{C}_3\cup\mathfrak{C}_4$ stets nichtnegativen Realteil besitzt und daher die durch $1-(\lambda_a(o)/\lambda_b(o))\cdot\frac{w-\check{s}}{w}$ beschriebene Kurve für $\check{s}\geq o$ in $\mathfrak{F}$ verläuft) - und haben zunächst den hierdurch entstehenden Fehler zu charakterisieren.

Zur Vereinfachung der Schreibweise setzen wir

$$G_1^o(w,\check{s}) := \frac{\lambda_a(o)}{\lambda_b(o)} - \varphi_a^+(w)\cdot\frac{1-\varphi_b^-(w-\check{s})}{-(w-\check{s})}\cdot\frac{w}{1-\varphi_a^+(w)} \quad \text{und}$$

$$G_1(w,\check{s}) := \frac{\frac{w-\check{s}}{w}\cdot G_1^o(w,s)}{1-\frac{\lambda_a(o)}{\lambda_b(o)}\cdot\frac{w-\check{s}}{w}}$$

und erhalten

$$\log\frac{1-\varphi_a^+(w)\varphi_b^-(w-\check{s})}{1-\varphi_a^+(w)} - \log(1-\frac{\lambda_a(o)}{\lambda_b(o)}\cdot\frac{w-\check{s}}{w}) = \log(1+G_1(w,\check{s})).$$

Damit gilt zunächst:

$$\frac{1}{2\pi i}\int_{\mathfrak{C}_3}\frac{\log(1+G_1(w,\check{s}))}{w}\,dw = \frac{1}{2\pi}\int_{-\frac{\pi}{2}}^{\frac{\pi}{2}}\log(1+\frac{(1-2e^{-i\varphi})G_1^o(\frac{\check{s}}{2}e^{i\varphi},s)}{1-\frac{\lambda_a(o)}{\lambda_b(o)}(1-2e^{-i\varphi})})\,d\varphi.$$

Nun kann man aber wegen der in (H) geforderten H-Stetigkeit zu jedem $\varepsilon>o$ ein $\delta_1>1$ $(\delta_1<\delta_o)$ so finden, daß für $o\leq\check{s}\leq\delta_1/2=:\delta$ und $w\in\mathfrak{C}_3$ (durch die Festsetzung $\delta:=\delta_1/2$ ist über δ verfügt) $|G_1(w,\check{s})|<\varepsilon$ ist.

Andererseits gibt es aber zu jedem $\varepsilon>o$ ein $\varepsilon'>o$, so daß für $|\zeta|\leq\varepsilon'$

$$\left|\frac{1}{2\pi}\int_{-\frac{\pi}{2}}^{\frac{\pi}{2}}\log(1+\frac{(1-2e^{-i\varphi})\zeta}{1-\frac{\lambda_a(o)}{\lambda_b(o)}(1-2e^{-i\varphi})})\,d\varphi\right| < \varepsilon$$

ist. Beide Aussagen ergeben zusammen: Zu jedem $\varepsilon>o$ gibt es ein $\delta_1>o$, sodaß für alle $o\leq\check{s}\leq\delta_1/2=\delta$

$$\left|\frac{1}{2\pi i}\int_{\mathfrak{C}_3}\frac{\log(1+G_1(w,\check{s}))}{w}\,dw\right| < \varepsilon \quad \text{ist.}$$

Für das entsprechende Integral über den Integrationsweg $\mathfrak{C}_2\cup\mathfrak{C}_4$ liefern die gleichmäßige H-Stetigkeit und die triviale Eigenschaft $G_1(i\beta,\check{s}) = \overline{G_1(-i\beta,\check{s})}$ für jedes $\check{s}\geq o$ das Grenzverhalten:

$$\lim_{\check{s}\downarrow o}\frac{1}{2\pi i}\int_{\mathfrak{C}_2\cup\mathfrak{C}_4}\frac{\log(1+G_1(w,s))}{w}\,dw = \frac{1}{\pi}\int_o^{\delta}\frac{\arg(1+G_1(i\beta,o))}{\beta}\,d\beta.$$

Wenn wir später $\varepsilon\to o$ konvergieren lassen, strebt δ notwendig ebenfalls gegen o, sodaß auch dieser "Fehler" beliebig klein wird.

Es bleibt somit

$$\frac{1}{2\pi i}\int_{\mathfrak{C}_2\cup\mathfrak{C}_3\cup\mathfrak{C}_4}\frac{\log\left(1-\frac{\lambda_a(o)}{\lambda_b(o)}\cdot\frac{w-\check{s}}{w}\right)}{w}\,dw$$

zu bestimmen.

Vermöge der aus $w = \frac{\check{s}}{2}w'$ und $w'' = \frac{w'-2}{w'}$ zusammengesetzten konformen Abbildungen geht der Weg $\mathfrak{C}_2\cup\mathfrak{C}_3\cup\mathfrak{C}_4$ in den in Abbildung (1), Seite aufgezeichneten Weg $\mathfrak{C}''$ über, und das Integral besitzt die Darstellung

$$\frac{1}{2\pi i}\int_{\mathfrak{C}''}\frac{\log\left(1-\frac{\lambda_a(o)}{\lambda_b(o)}\cdot w''\right)}{1-w''}\,dw''.$$

Ergänzt man diesen Weg durch $\tilde{\mathfrak{C}}''$, wie in Abbildung (1) angegeben, zu einem geschlossenen Weg, so liefert der Cauchysche Integralsatz schließlich:

$$\frac{1}{2\pi i} \int_{\mathfrak{C}''} \frac{\log\left(1-\frac{\lambda_a(o)}{\lambda_b(o)}\cdot w''\right)}{1-w''}\, dw'' = \frac{1}{2\pi} \int_{\frac{\pi}{2}}^{3\frac{\pi}{2}} \log\left(1-\frac{\lambda_a(o)}{\lambda_b(o)}\left(1+\frac{\check{s}}{\delta} e^{i\varphi}\right)\right) d\varphi$$

für $\check{s}<\delta$ und für $\check{s}\downarrow o$ hieraus den Wert $\frac{1}{2}\log\left(1-\frac{\lambda_a(o)}{\lambda_b(o)}\right)$.

Die Gesamtrechnung ergibt somit für $\check{s}\downarrow o$ und anschließend $\varepsilon\downarrow o$

$$\lim_{\check{s}\downarrow o} I_1(\check{s}) = \frac{1}{2}\log\left(1-\frac{\lambda_a(o)}{\lambda_b(o)}\right) + \frac{1}{2\pi i}\, \mathrm{VP} \int_{-i\infty}^{i\infty} \frac{f_1(w)}{w}\, dw \qquad (14b)$$

und stellt notwendig, da $f_1(i\beta)=\overline{f_1(-i\beta)}$ für $\beta\in\mathbb{R}$ gilt, eine reelle Zahl dar.

Für $I_2(\check{s})$ betrachtet man den in der Abbildung (2a) aufgezeichneten Weg und führt vermöge der Abbildung $\tilde{w}=w-\check{s}$ $I_2(\check{s})$ in folgende Gestalt über:

$$I_2(\check{s}) = \frac{1}{2\pi i} \int_{\mathfrak{C}} \frac{\log \frac{1-\varphi_a^+(\tilde{w}+\check{s})\varphi_b^-(\tilde{w})}{1-\varphi_a^+(\tilde{w}+\check{s})}}{\tilde{w}}\, d\tilde{w},$$

wobei $\mathfrak{C}$ der in Abbildung (2b), Seite 143 angegebene Weg ist.

Für das Teilintegral über die in der Abbildung gekennzeichneten Wegstücke $\mathfrak{C}_1$ und $\mathfrak{C}_5$ kann sofort wieder der Grenzübergang $\check{s}\downarrow o$ unter dem Integralzeichen vollzogen werden.

Die Integrale über die restlichen Wegstücke werden wieder approximiert, indem der Integrand durch

$$\log\left(1-\frac{\lambda_a(o)}{\lambda_b(o)}\cdot\frac{\tilde{w}}{\tilde{w}+\check{s}}\right)$$

ersetzt wird, und die Fehlerintegrale unter Verwendung der Festsetzungen

$G_2^o(\tilde{w},\check{s}):=G_1^o(\tilde{w}+\check{s},\check{s})$ sowie $G_2(\tilde{w},\check{s}):=G_1(\tilde{w}+\check{s},\check{s})$

in analoger Weise abgeschätzt werden.

Das Integral über den Weg $\mathfrak{C}_2\cup\mathfrak{C}_3\cup\mathfrak{C}_4$ mit dem Integranden

$$\log\left(1-\frac{\lambda_a(o)}{\lambda_b(o)}\cdot\frac{\tilde{w}}{\tilde{w}+\check{s}}\right)$$

führt man mit Hilfe der konformen Abbildungen $\tilde{w}=\frac{\check{s}}{2}w'$ und $w''=\frac{w'+2}{w'}$ in das Integral

$$\frac{1}{2\pi i}\int_{C''}\frac{\log\left(1-\frac{\lambda_a(o)}{\lambda_b(o)}\cdot\frac{1}{w''}\right)}{1-w''}\,dw''$$

über, wobei $\mathfrak{C}''$ den gleichen Weg wie in Abbildung (1) beschreibt und nur in entgegengesetzter Richtung durchlaufen wird. Die Folge ist, daß sich für $\check{s}\downarrow o$ gerade der negative Wert des früheren Ergebnisses einstellt, also:

$$-\frac{1}{2}\log\left(1-\frac{\lambda_a(o)}{\lambda_b(o)}\right).$$

Dann ist

$$\lim_{\check{s}\downarrow o} I_2(\check{s}) = -\frac{1}{2}\log\left(1-\frac{\lambda_a(o)}{\lambda_b(o)}\right)+\frac{1}{2\pi i}\,\mathrm{VP}\int_{-i\infty}^{i\infty}\frac{f_1(w)}{w}\,dw \qquad (14c)$$

eine notwendige reelle Zahl.

Satz 18a:

Für $\phi_a, \phi_b \in \mathfrak{B}_2$ mit den zusätzlichen Eigenschaften (H) und

$\lambda_a(o)/\lambda_b(o) < 1$, gelten:

$\lim_{\check{s}\downarrow o} X^-(o,\check{s}) = o$, also $\lim_{t\to\infty} \phi_{bp}(z^*;t) = 1$,

$$\lim_{\check{s}\downarrow o} u_1^-(z^*;o,\check{s}) = \left(1-\frac{\lambda_a(o)}{\lambda_b(o)}\right)^{-\frac{1}{2}} \cdot \exp\left\{-\frac{1}{2\pi i}\, VP \int_{-i\infty}^{i\infty} \frac{f_1(w)}{w}\,dw\right\} -1,$$

$$\text{also} \int_o^\infty \int_\xi^\infty u_1^2(z^*;\xi,t)\,dt\,d\xi < \infty \quad \text{und}$$

$$\lim_{\check{s}\downarrow o} X^+(\check{s},\check{s}) = \left(1-\frac{\lambda_a(o)}{\lambda_b(o)}\right)^{\frac{1}{2}} \cdot \exp\left\{-\frac{1}{2\pi i} \int_{-i\infty}^{i\infty} \frac{f_1(w)}{w}\,dw\right\},$$

$$\text{also} \int_o^\infty (1-\phi_r(z^*;t))\,dt < \infty.$$

Der Beweis wurde durch die vorangestellten Rechnungen erbracht.

Es bleibt noch $I_3(\check{s})$ für $\lambda_a(o)/\lambda_b(o) > 1$ zu bestimmen.

Dazu benutzt man den gleichen Integrationsweg, der für $I_2(\check{s})$ zum Ziel führte und betrachtet anstelle von G_1^o und G_1

$$G_3^o(w,\check{s}) := \frac{\lambda_b(o)}{\lambda_a(o)} - \varphi_b^-(w)\,\frac{1-\varphi_a^+(w+\check{s})}{w+\check{s}} \cdot \frac{w}{1-\varphi_b^-(w)} \quad \text{und}$$

$$G_3(w,\check{s}) := \frac{\frac{w+\check{s}}{w}}{1-\frac{\lambda_b(o)}{\lambda_a(o)} \cdot \frac{w+\check{s}}{w}} \cdot G_3^o(w,\check{s})$$

und schätzt wie früher ab. Das Restintegral über die "Ersatz"-funktion

$$\log\left(1-\frac{\lambda_b(o)}{\lambda_a(o)} \cdot \frac{w+\check{s}}{w}\right)$$

wird vermöge der konformen Abbildungen $w=\frac{\check{s}}{2}w'$ und $w''=\frac{w'+2}{w'}$

mit anschließendem Grenzübergang $\check{s}\downarrow o$ bestimmt. Man erhält insgesamt

$$\lim_{\check{s}\downarrow o} I_3(\check{s}) = -\frac{1}{2}\log\left(1-\frac{\lambda_b(o)}{\lambda_a(o)}\right) + \frac{1}{2\pi i}\mathrm{VP}\int_{-i\infty}^{i\infty} \frac{f_2(w)}{w}\,dw. \tag{14a}$$

Satz 18b:

Für $\phi_a,\phi_b\in\mathfrak{B}_2$ mit den zusätzlichen Eigenschaften (H) und $\lambda_a(o)/\lambda_b(o) > 1$, gilt:

$$\lim_{\check{s}\downarrow o} X^-(o,\check{s}) = \left(1-\frac{\lambda_b(o)}{\lambda_a(o)}\right)^{\frac{1}{2}} \cdot \exp\left\{-\frac{1}{2\pi i}\,\mathrm{VP}\int_{-i\infty}^{i\infty}\frac{f_2(w)}{w}\,dw\right\} > o,$$

$$\text{also } \lim_{t\to\infty} \phi_{bp}(z^*;t) = 1 - \lim_{s\to o} X^-(o,\check{s}) < 1.$$

Aus Satz 17 folgt dann, daß bei starker Dauerbelastung $\lambda_a(o)/\lambda_b(o) >$ sich das Bedienungssystem mit genügend großem Warteraum mit positiver Wahrscheinlichkeit nicht mehr regeneriert.

Im Fall $\lambda_a(o)/\lambda_b(o) < 1$ dagegen regeneriert sich das Bedienungssystem auch bei "unendlich" großem Warteraum mit Wahrscheinlichkeit 1, und diese Erneuerungsperioden besitzen einen positiven, endlichen Erwartungswert. Außerdem sind alle $\int_o^\infty \hat{p}_\nu^{z^*}(t)dt < \infty$ $(\nu\in\mathbb{N}_o)$, sodaß die Quotienten

$$\frac{\int_o^\infty p_\nu^{z^*}(t)dt}{\int_o^\infty (1-\phi_r(z^*;t)dt}$$

einen Sinn haben.

Damit gewinnen wir aber analog zu dem Fall mit endlichem Warteraum.

Satz 19:

Für $\phi_a,\phi_b\in\mathfrak{B}_2$ gilt unter der zusätzlichen Voraussetzung (H) wenn $\lambda_a(o)/\lambda_b(0)<1$

$$\lim_{t\to\infty} p_\nu^{z^*}(t) = \frac{\int_o^\infty \hat{p}_\nu^{z^*}(t)dt}{\sum_{\nu=o}^{\infty}\int_o^\infty \hat{p}_\nu^{z^*}(t)dt}\,,\quad z^*=(1,o,o)\in\mathfrak{Z}_\infty \tag{15}$$

Bemerkungen:

(i) Die Gleichung (15) kann auch unter den angegebenen Voraussetzungen für $\lim_{t\to\infty} p_\nu^z(t)$, wenn $z\in\mathfrak{Z}$ beliebig ist, bewiesen werden. Man hat dann analog zu dem homogenen Wiener-Hopf-Problem (1oc) noch ein inhomogenes Problem dieser Art zu lösen und zu diskutieren.

(ii) In Satz 19 fehlt eine Aussage für $\lambda_a(o)/\lambda_b(o)\geq 1$.

Für eine adäquate Aussage – wir vermuten $\lim_{t\to\infty} p_\nu^z(t) = o$ für alle $z\in\mathfrak{Z}_\infty$ und $\nu\in\mathbb{N}\cup\{o\}$ – haben wir noch keine genügenden Kenntnisse erarbeitet.

(iii) Schließlich ist es noch eine lohnende Aufgabe zu untersuchen, ob in $\lim_{t\to\infty} \lim_{N\to\infty} p_\nu^z(t,N) = \lim_{t\to\infty} p_\nu^z(t)$ die beiden Grenzoperationen zu

$$\lim_{N\to\infty} \lim_{t\to\infty} p_\nu^z(t,N) = \lim_{N\to\infty} p_\nu(N)$$

vertauscht werden dürfen, ohne die Werte zu ändern. Diese Frage ist für $\phi_a(x) = 1-e^{-\lambda x}$, $\phi_b\in\mathfrak{B}_2$ zufrieden stellend gelöst, ist aber noch teilweise oder ganz offen für

$\phi_a\in\mathfrak{B}_2$, $\phi_b(x) = 1-e^{-\mu x}$ oder $\phi_b\in\mathfrak{B}_2$.

Zum Abschluß noch eine Bemerkung zur Bedingung (H):
Sie ist hinreichend und einfach zu handhaben. Sie kann aber unter Beachtung der Untersuchungen bei [Krein, 1962, wesentlich abgeschwächt werden. Auf eine diesbezügliche Untersuchung wollen wir hier verzichten.

Abbildung 1

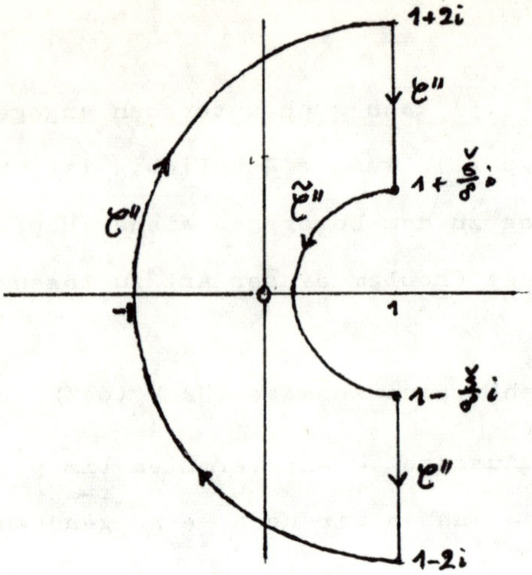

Abbildung 2

a)

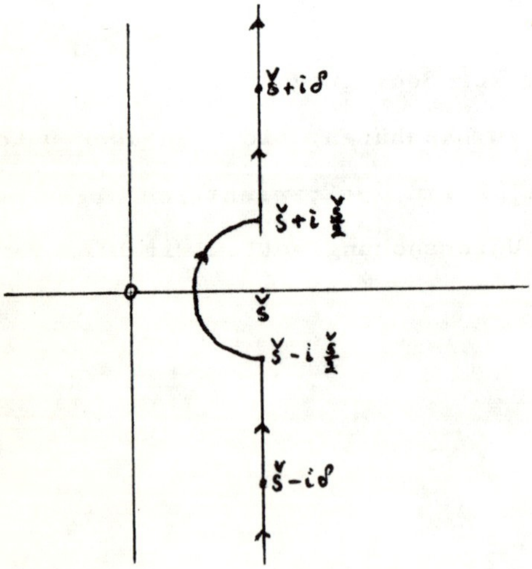

b)

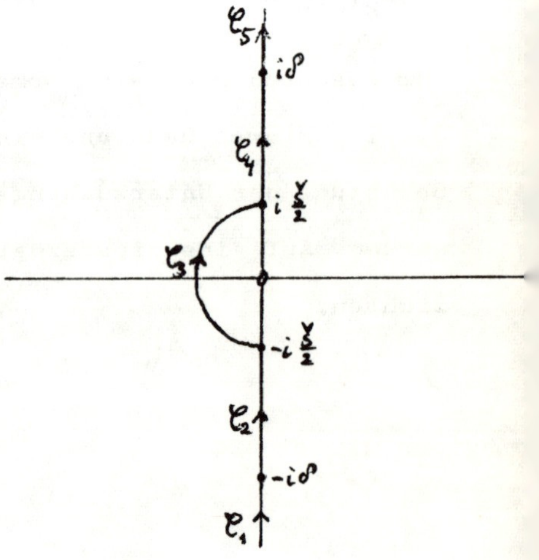

LITERATURVERZEICHNIS

1 BHAT U.N.
A Study of the Queueing Systems M|G|1 and GI|M|1.
Lecture Notes in Operations Research and Mathematical Economics, Springer, Berlin, 1968

2 CLARKE A.B.
On Time Dependent Waiting Line Processes,
Ann. Math. Stat., Bd 24, S. 491-492, 1953

3 COHEN The single Server Queue, North Holland, 1969

4 CONOLLY B.W.
A Difference Equation Technique Applied to the Simple Queue, J. Roy. Stat. Soc. Ser. B. Bd 2o, S. 165-167, 1958

5 COX D.R.
The analysis of non-markovian stochastic processes by the inclusion of supplementary variables,
Proc. Cambridge Phil Soc. Bd. 51, S. 433-441, 1955

6 DOETSCH G.
Handbuch der Laplacetransformation, Bd 1, Birkhäuser, Basel, 195o

7 FELLER W.
An Introduction to Probability Theory and its Applications, Bd. 1, Wiley, New York, 1957

8 FELLER W.
An Introduction to Probability Theory and its Applications, Bd. 2, Wiley, New York, 1966

9 KEILSON J., KOOHARIAN A.
On time dependent queueing processes,
Ann. Math. Stat. Bd. 31, S. 1o4-112, 196o

1o KEILSON J., KOOHARIAN A.
On the general time dependent queue with a single server,
Ann. Math. Stat. Bd. 33, S. 767-791, 1962

11 KENDALL D.G.
Stochastic processes occuring in the theory of queues and their analysis by the method of the imbedded markovchain, Ann. Math. Stat. Bd. 24, S. 338-354, 1953

12 KREIN M.G.
Integral equations on a half line
Amer.Math.Soc.Transl. (2), 22 S. 163-288, 1962

13 LEVI P.
Processus Semi-Markoviens
Proc. Int. Congr. Math. Amsterdam, Bd. 3, S. 416-426, 1954

14 LINDLEY D.V.
The Theory of Queues with a Single Server
Proc. Cambridge Phil. Soc. Bd. 48, S. 277-289, 1952

15 MORSE P.M.
Queues, Inventories and Maintenance, Wiley, New York, 1958

16 MUSCHELISCHWILI N.I.
Singuläre Integralgleichungen
Akademie-Verlag, Berlin, 1965

17 NOBLE B.
Methods based on the Wiener-Hopf Technique,
Pergamon Press, London, 1958

18 POLLACZEK F.
Problèmes stochastiques posés par le phénomène de formation d'une queue d'attende à un guichet et par des phénomènes apparentes, Mém. des Sciences Math.
Gauthier-Villars, Paris, 1957

19 PYKE R.
On Renwal processes related to type I and II counter models, Ann. Math, Stat. Bd. 29, S. 737-754, 1958

2o PYKE R.
Markov Renewal Processes: Definitions and prelimiary properties, Ann. Math. Stat. Bd. 32, S. 1231-1242, 1961

21 PYKE R., SCHAUFELE R.
Limit Theorems for Markov renewal processes,
Ann. Math. Stat. Bd. 35, S. 1746-1764, 1964

22 PYKE R., SCHAUFELE R.
Stationary measures for Markov renewal processes,
Ann. Math. Stat. Bd. 37, S. 1439-1462, 1966

23 SCHAEL M.
Markoffsche Erneuerungsprocesse mit Hilfpfaden,
Diss. Hamburg, 1969

24 SCHMIDT G.
Ueber die in einem einfachen Verlustsystem induzierten stochastischen Processe, Unternehmensforschung, Bd. 11, S. 95-11o, 1967

25 SCHMIDT G.
Ein offener Bedienungskanal mit einem Schalter und endlichem Warteraum, der von zwei Erneuerungsprozessen gesteuert wird, Operations Research Verfahren, II Oberwohlfach-Tagung, 1969 ed. by R. Henn, H.P. Künzi, H. Schubert, Bd. VIII, S 251-27o, Anton Hain, Meisenheim, 197o

26 SCHMIDT G.
Die Uebergangsfunktion des einfachen, von zwei Erneuerungsprozessen gesteuerten Bedienungskanals mit endlichem Warteraum,
erscheint demnächst

27 SMITH W.L.
Asymptotic Renewal Equations,
Proc. Roy. Soc. Edinburgh, A. Bd. 64, S. 9-48, 1954

28 SMITH W.L.
Extensions of a renewal theorem,
Proc. Cambridge Phil. Soc. Bd. 51, S. 629-638, 1955

29 SMITH W.L.
Regenerative stochastic Processes,
Proc. Roy. Stat. Soc. London A. Bd. 232, S. 6-31, 1955